WOLFGANG SCHREIL

Der mit den Waldtieren spricht

WOLFGANG SCHREIL

Der mit den Waldtieren spricht

Mit dem *Woid Woife* die Geheimnisse des Waldes und die Kraft der Natur entdecken

Mit Leo G. Linder

LUDWIG

Penguin Random House Verlagsgruppe FSC® N001967

4. Auflage
Originalausgabe 08/2021

Redaktion: Evelyn Boos-Körner
Umschlaggestaltung: Eisele Grafik·Design, München,
unter Verwendung der Fotos von Wolfgang Schreil
Fotografien im Bildteil: Privatarchiv Wolfgang Schreil
Satz: Leingärtner Nabburg
Druck und Bindung: Pustet, Regensburg
Printed in Germany
ISBN: 978-3-453-28143-1

www.Ludwig-Verlag.de

Inhalt

I

Das Kreuzotterexperiment

Wenn bei mir das Telefon geht, kann es jemand sein, der eine Kreuzotter im Garten hat. »Woife«, heißt es dann, »du siedelst doch Kreuzottern um. Wir haben hier eine. Kannst du vorbeikommen?« Ich freue mich über solche Anrufe – dann ist die Kreatur nämlich nicht mit dem Spaten zerstückelt worden, dann lebt sie noch –, also fahre ich hin, fasse das Tier am Schwanz, lasse es in einen Eimer gleiten und setze es im Wald aus.

Ich mag Kreuzottern. Sie sind mir so lieb wie jedes andere Tier. Und immer schon war ich mir sicher, dass ihre Gefährlichkeit überschätzt wird. Wahrscheinlich würde sich eine Kreuzotter sogar als völlig harmlos herausstellen, wenn man richtig mit ihr umzugehen wüsste. Aber was hieß in diesem Fall »richtig«? Die Ruhe bewahren und jede schnelle Bewegung vermeiden? Bei anderen Tieren hat sich diese Regel bewährt, aber eine Kreuzotter ist kein Eichhörnchen, kein Rothirsch, kein Marder und keine Kohlmeise, sie ist eine Schlange und hat Giftzähne.

Bislang hatte ich Kreuzottern immer nur mit einem gezielten Griff in den Eimer befördert; jetzt wollte ich es genauer wissen. Eines Tages nahm ich eine Kreuzotter behutsam beim Schwanz vom Boden auf und hielt sie hoch. Jetzt hing sie mit dem Kopf nach unten von meiner Hand und züngelte, beruhigte sich aber bald. Eine Ringelnatter hätte nun ohne Weiteres meine Hand mit ihrem Kopf erreichen können, Ringelnattern sind biegsam, aber Kreuzottern sind nicht sehr gelenkig. Sie sind überhaupt recht gemütliche Schlangen, jedenfalls nicht sehr umtriebig, eher faul – sie liegen auf der Lauer, beißen zu, warten die Wirkung des Gifts ab, fressen dann und ringeln sich anschließend wieder zusammen. Als Kreuzotter will man vor allem seine Ruhe.

Gut, sie hing also ganz entspannt herunter. Könnte ich sie jetzt in meine freie Hand gleiten lassen, ohne dass sie zubeißen würde? Wie müsste ich vorgehen?

Ganz sicher wäre es unklug, die freie Hand zu ihrem Kopf zu führen – jede Annäherung dieser Art würde sie als bedrohlich empfinden und voraussichtlich das machen, was unbedingt verhindert werden musste. Diese Hand durfte sich nicht bewegen. Also senkte ich stattdessen die Schlange ab und führte sie ganz allmählich in Richtung meiner geöffneten Hand, bis sie mit ihrem Kopf dort landete. Ich ließ sie mit anderen Worten zu Boden, nur dass der Boden in diesem Fall eine Hand war, und siehe da – sie ließ sich dieses Manöver seelenruhig gefallen. Warum auch nicht? Keine Kreuzotter der Welt würde zubeißen, wenn sie glaubt, den Waldboden zu berühren.

Damit hatte ich den Beweis: Trifft ihr Kopf auf meine Hand, bleibt sie friedlich – und dass sie in einer Hand landet, ist ihr wurscht. Weniger glimpflich wäre die Sache höchstwahrscheinlich verlaufen, wenn ich umgekehrt vorgegangen wäre und meine freie Hand auf ihren Kopf zubewegt hätte.

Schön, dieses Experiment hat mich schlauer gemacht. Aber wie so oft liege ich später wach im Bett, lasse mir den Tag durch den Kopf gehen und grübele: Was könnte man sonst noch versuchen? Welches Verfahren wäre noch aufschlussreicher? Was würde mir ein Tier noch alles über sich erzählen, wenn ich mich besser in dieses Tier hineinversetze? Und da kommt mir eine Idee. Wenn ich eine Kreuzotter nun nicht auf meine Hand, sondern auf meinen Körper ablegen würde? Auf meinem Bauch zum Beispiel hätte sie jede Menge Platz. Warum sollte sie das nicht genauso bereitwillig mit sich machen lassen? Würde sie nicht sogar meinen warmen Bauch dem kühlen Waldboden vorziehen? Worin läge für sie der Unterschied zu einem großen Stein, der seit Stunden von der Sonne beschienen wird?

Ich bin sicher, dass die Kreuzotter meine Neugier verzeihlich finden wird. Fest steht aber auch: Wenn meine Frau Sabine von diesem Plan erfährt, wird sie mich wegsperren. Also erfährt sie vorläufig nichts. Allerdings lässt der nächste Anruf auf sich warten. Aber er kommt, im selben Jahr noch, und so fahre ich mit meinem Eimer wieder raus und suche mir hinterher eine Stelle im Wald, die der Kreuzotter gefallen müsste, einen steinigen Hang, wo kein dichter Baumbestand das Sonnenlicht abhält. Der Versuch beginnt.

Sie gleitet aus dem Eimer auf den Waldboden. Ich fasse sie am Schwanz und hebe sie auf. Jetzt muss ich mich hinlegen. Während des Hinlegens muss ich die Schlange auf Abstand halten, und das Prozedere soll in einer gemächlichen, möglichst fließenden Bewegung vonstattengehen. Bloß nicht stolpern oder abrutschen und ins Taumeln kommen. Für einen Augenblick wird mir mulmig.

Aber die Kreuzotter darf keinerlei Nervosität spüren. Also fasse ich mich gleich wieder, und als ich mich am Boden ausgestreckt habe, bewege ich die hängende Schlange Zentimeter für Zentimeter in Richtung Bauch. Und dieser Bauch scheint ihr zu gefallen, denn als ich sie schließlich loslasse und meinen Arm vorsichtig zurückziehe, kriecht sie nicht etwa hinunter. Anfangs züngelt sie noch, auch in Richtung meines Kopfs, aber dann, von Behagen überwältigt, kringelt sie sich auf meinem Bauch zusammen. Alles ist, wie sie es kennt und liebt: Sie hat einen sonnigen Fleck gefunden, niemand will ihr was, weit und breit ist keine Störung in Sicht – also beschließt sie zu bleiben.

Dass eine Kreuzotter es sich auf mir bequem machen könnte, habe ich bei meinen nächtlichen Überlegungen nicht bedacht. Jetzt liege ich da mit einer Schlange auf dem Bauch, die keinerlei Anstalten macht, diesen Bauch zu verlassen, und bin ratlos. Zunächst freue ich mich trotzdem. Wenig später verfliegt meine Freude und macht einer wachsenden Ungeduld Platz. Wann geht's denn jetzt, bitte schön, weiter? Ich darf mich ja nicht mal bewegen. Ich kann keine Fotos machen, ich darf mich nicht kratzen, ich muss Stein spielen, und Steine haben weder Arme noch Beine. Also passiert einfach nichts. Sie rührt sich nicht, ich auch nicht. Wenigstens behalte ich sie so im Auge.

Endlose zehn Minuten später kommt mir ein furchtbarer Gedanke. Was, wenn jetzt ein Wanderer vorbeikommt und mich entdeckt? Oder, noch schlimmer, ein Bekannter? Einer aus Bodenmais, der heute zufällig im Wald Schwammerln sucht und mich hier wie versteinert am Boden liegen sieht, eine zufriedene Kreuzotter auf dem Bauch … Wie würde ich ihm auf seine entgeisterte Frage hin erklären, was ich da treibe? Ich bin ja sowieso als Spinner verschrien. Es gibt schon genug Leute, die mich für einen Sonderling halten. Es fehlt noch, dass sich in Bodenmais herumspricht, wie ich meine Nachmittage wirklich verbringe … Sollte ich einfach eine fröhliche Melodie pfeifen? Oder ihm mit zaghaftem Lächeln ein »Servus« zurufen? »Servus, Sepp! Und noch viel Glück beim Schwammerlnsuchen!« Aber dann bloß nicht zum Abschied winken …

Ich hatte Glück. Niemand ist vorbeigekommen, niemand hat mich gesehen. Nach einer gefühlten Ewigkeit – es waren bestimmt zwanzig Minuten vergangen – fing meine Kreuzotter wieder an zu züngeln, setzte sich dann in Bewegung und kroch zügig an meiner linken Seite hinunter. Wie ich sie sonst losgeworden wäre, weiß ich nicht. Ich vergewisserte mich, dass sie tatsächlich das Weite gesucht hatte, und richtete mich auf – um zwei Erkenntnisse reicher.

Erstens: Meine empirische Studie hatte die Wahrheit über Kreuzottern zutage gefördert. Was bei Vögeln und Säugetieren funktioniert, funktioniert auch bei ihnen, nämlich: Keine Kreuzotter nimmt Anstoß an einem Menschen, der die Ruhe bewahrt und keine Angst zeigt. Wenn er dann noch bedächtig vorgeht, keine ruckartigen, keine hektischen Bewegungen macht und sich so passiv wie möglich verhält, kommt er mit Sicherheit ungeschoren davon. Zur Nachahmung eignete sich dieses Experiment trotzdem nicht, denn wer die Nerven verliert, schwebt tatsächlich in Gefahr. Von sich aus aber kommt in unseren Breiten kein Tier auf die Idee, einen Menschen anzugreifen, auch eine Kreuzotter nicht.

Und zweitens: Wieder hat sich gezeigt, dass ich gut daran tue, keinen Fremden auf meine Streifzüge durch die Natur mitzunehmen. Mich erreichen ja gelegentlich Anfragen von Leuten, die mit mir in den Wald wollen, allein, nicht in der Gruppe. Ich lasse mich nie darauf ein. Zwar bringe ich mich nicht alle Tage in eine derart missliche Lage wie die geschilderte, aber der zivilisierte Mensch würde an meinem Verhalten auch sonst manches als Zumutung empfinden. Er würde sich vor allem zu Tode langweilen. Ich sitze ja stundenlang herum, am Rand einer Waldwiese oder auch mittendrin, nicht ansprechbar, in einen Dämmerzustand versunken, und nichts tut sich, nur mein Schatten wandert. Ich atme noch, mein Puls geht noch, aber das sind auch die einzigen Lebenszeichen. Meistens geschieht dann doch etwas, mal nach einer, mal nach sechs Stunden, aber bis dahin hätten bestimmt die meisten die Geduld verloren, mich angestoßen und mir verzweifelt zugeflüstert: »Warum unternehmen wir nichts? Wir müssen doch irgendwas unternehmen!«

Außerdem hat mich noch nie gekümmert, in welchen Dreck ich mich lege. Oft lasse ich mich einfach irgendwo im Wald nieder, strecke mich aus, und dann ist mir egal, was unter mir wächst und wimmelt und krabbelt oder wer an dieser Stelle seine Losung hinterlassen hat. Natürlich sind da Ameisen. Natürlich läuft ab und zu eine Spinne über mich hinweg. Für die meisten wäre das nichts. Viele würden sich ekeln. Ich ekele mich nie; ich bin wohl nach wie vor der kleine Bub, der ausschaut wie ein Ferkel, wenn er abends heimkommt, und auch so riecht. Und damit sind wir mitten im Thema dieses Buchs.

Mein Leben dreht sich seit zwanzig Jahren um wilde Tiere. In dieser Zeit habe ich viel über sie gelernt, weil ich immer bereit gewesen bin, von ihnen zu lernen, und da hat sich herausgestellt, dass wir uns gar nicht so unähnlich sind. Nicht, dass mir Tiere je fremd gewesen wären. Als Bub war es für mich die normalste Sache der Welt, zwischen Eseln, Ziegen und Schafen zu spielen. Ich habe neben ihnen im Stall geschlafen, ich war mit ihnen auf du und du – ein kurzes Kennenlernen, und innerhalb von Sekunden stellte sich bei mir eine völlige Vertrautheit ein. Außerdem fühle ich mich in Gegenwart von Tieren seit jeher frei.

Die Eintrittskarte in die Welt der wilden Tiere allerdings gab es nicht kostenlos. Ich musste Prüfungen bestehen. Inzwischen haben mir die allermeisten Tiere eine Aufenthaltsgenehmigung erteilt, ich bin ein geduldeter, manchmal sogar willkommener Gast in ihrem Reich und darf mich dort mehr oder weniger frei bewegen. Wenn ich dann in die Welt der Menschen zurückkomme, kann ich Erstaunliches berichten, wie zum Beispiel: Wir können Verbindung zu denen da draußen aufnehmen. Tiere sind keine Außerirdischen. Sie müssen uns nicht ewig rätselhaft bleiben. Wir können sie verstehen, so wie sie uns ihrerseits längst verstanden haben. Sie sagen uns etwas – auch über uns selbst, denn nicht anders als wir haben sie Emotionen, ein Gefühlsleben, das sie auch zeigen. Und nicht anders als wir besitzen sie eine Intelligenz, die sich uns ebenfalls zeigt, sobald wir aufhören, menschliche Maßstäbe anzulegen. Mit anderen Worten: Wir haben mehr Gemeinsamkeiten, als wir glauben. Aber es gibt eine Hürde, die nicht leicht zu überwinden ist. Was uns vor allem von wilden Tieren unterscheidet, ist: Wir sprechen nicht ihre Sprache, sie sprechen nicht die unsere. Es ist, als gäbe es zwischen uns und ihnen eine gläserne Wand, durch die man einander zwar sehen, sich aber nicht verständigen kann.

Die Sprache der Tiere ... Was ich aus meiner Erfahrung dazu sagen kann, will ich in diesem Buch erzählen. Ich will erzählen, wie es dort draußen, in der sogenannten freien Wildbahn, zu Begegnungen mit Tieren kommen kann, ich will auch nicht verschweigen, wie man Tieren meiner Ansicht nach begegnen sollte. Mein Thema ist also, wie Tiere ticken. Natürlich könnte das auch jeder selbst herausfinden, aber es kostet Zeit, viel Zeit, es dauert Jahre, Jahrzehnte, und Menschen mit einem »ordentlichen« Beruf haben gewöhnlich keine Zeit. Ich habe Zeit – wobei ich es nie weit bis zu den Tieren habe, denn mein Heimatort Bodenmais liegt in einem Kessel des Bayerischen Walds, der mit dem Böhmerwald das größte zusammenhängende Waldgebiet Mitteleuropas bildet. Wir haben hier alles – Rotwild, Greifvögel, Hermeline, selbst Luchse und Wölfe, sodass meine Safaris praktisch gleich vor der Haustür beginnen.

Mit exotischen Tieren kann ich also nicht aufwarten. Das macht aber nichts. Für viele ist die heimische Tierwelt nicht weniger rätselhaft als die exotische. Viele wissen vom Leben des Feldhasen nicht mehr als von den Gewohnheiten des Ozelots, und Neues lässt sich über unsere Tierwelt auch dann sagen, wenn ich mich mit eigenen Erlebnissen zwischendurch zurückhalte und einfach nur erzähle, was es an Fakten über jedes Tier zu wissen gibt. Warum also nicht gleich mit der Kreuzotter weitermachen?

2

Leichtsinn wird bestraft – die Kreuzotter

Müssen wir uns vor Kreuzottern überhaupt fürchten? Sagen wir so: Naivität wird bestraft, Gedankenlosigkeit auch. Dazu eine kurze Geschichte, diesmal keine eigene.

Vor Jahren brachte das Fernsehen einen Bericht über eine Frau, die mit einem Kreuzotterbiss auf der Intensivstation lag, in einer Klinik irgendwo an der Ostsee. Ihr Arm sah aus wie aufgeblasen, wie ein Luftballon. Was war passiert? Am Vormittag hatte sie in den Dünen eine Kreuzotter entdeckt, das Tier hocherfreut aufgehoben und ihrem siebenjährigen Sohn direkt vors Gesicht gehalten – »Schau mal, das ist eine Kreuzotter, so sieht sie aus!« – was, nebenbei bemerkt, den Tod des Knaben bedeutet haben könnte, denn in diesem Alter überleben Kinder einen Kreuzotterbiss nicht unbedingt. Noch aber war sie nicht zum Beißen aufgelegt gewesen – dazu war es erst in dem Moment gekommen, als die Frau das Tier auf seinen Platz im Sand zurückgelegt hatte.

Wenn diese Kreuzotter reden könnte, würde sich ihre Version der Geschichte ungefähr folgendermaßen anhören: »Ich liege wie jeden Morgen in den Dünen in der Sonne, um Energie zu tanken, es wird nämlich Zeit, meine Beweglichkeit zurückzugewinnen. Da kommt eine Hand und hebt mich hoch – und ich muss mir diese Frechheit gefallen lassen, weil ich immer noch zu steif bin, mich zu wehren. Aber diese Hand ist schön warm. Ich spüre, wie mit ihrer Wärme meine alte Elastizität zurückkehrt, und als mich die Hand wieder hinlegt – ziemlich unsanft übrigens –, kann ich endlich das tun, was ich schon die ganze Zeit tun will, und beiße zu. Ja, sorry. Aber was bleibt mir anderes übrig, wenn ich meiner Verärgerung Ausdruck verleihen möchte – sprechen kann ich nämlich nicht.«

Nun haben Kreuzottern schon diese roten Augen, und obendrein sitzen in diesen roten Augen schlitzförmige, schwarze Pupillen. Die sehen tatsächlich unheimlich aus. Solche Augen dürften in der Natur durchaus als Warnhinweis verstanden werden – die ungiftige Ringelnatter hat jedenfalls runde Pupillen und schaut schon deshalb harmloser aus. Aber offenbar hatten die Kreuzotteraugen noch nicht abschreckend genug gewirkt, vielleicht hatte diese Frau auch gar nicht so genau hingeschaut – wie dem auch sei, ich tippe in diesem Fall auf eine gehörige Portion Naivität. Eins aber ist sicher: Der Kreuzotter wird es um diesen Spritzer Gift leidgetan haben, denn er war sinnlos vergeudet.

Er war vergeudet, weil Menschen nicht ins Beuteschema einer Kreuzotter passen – sie spart sich ihr Gift eigentlich für genießbare Lebewesen wie Mäuse, Eidechsen und Frösche auf. Außerdem hat sie kein Gift zu verschenken, denn Gift ist kostbar. Eine Kreuzotter investiert nämlich wertvolle Energie in die Herstellung ihres Gifts, und wie alle Tiere sucht sie jeden unnötigen Kraftaufwand grundsätzlich zu vermeiden – umso mehr, als sie wechselwarm ist und neue Energie jedes Mal erst tanken muss. Die Kreuzotter hätte ihr Gift also sinnvoller verwenden können, und als Drittes kommt hinzu: Sie verfügt überhaupt nur über einen winzigen Vorrat an Gift (nämlich zehn bis achtzehn Milligramm), und den verschwendet sie nicht, den hütet sie so gewissenhaft, dass sie beim ersten Verteidigungsbiss ihr Gift oft ganz zurückhält – sollte ein zweiter nötig sein, wird sie allerdings voraussichtlich die volle Ladung verabreichen.

Aus allen diesen Gründe würde eine Kreuzotter niemals wahllos zubeißen – und im Übrigen, falls es nun jemand genau wissen will: Es braucht schon das Gift von fünf Kreuzottern, um einen Erwachsenen ins Grab zu bringen.

Reichen diese Informationen, um uns Kreuzottern sympathisch zu machen? Ich bin mir nicht sicher. Wie gesagt, ich mag diese Tiere, aber ich verstehe auch, weshalb Reptilien es bei uns schwer haben. Gründe dafür gibt es genug. Wenn man sie anfasst, sind sie kalt, und kalt ist auch ihre Ausstrahlung. Außerdem vermissen wir an ihnen fast alles, was nötig ist, um unsere Zuneigung zu wecken: das weiche Fell, den gutmütigen Gesichtsausdruck, den treuen oder sanften Blick. Gerade Schlangen spielen unbeabsichtigt mit unseren Urängsten, und wenigstens einmal in der Menschheitsgeschichte hat der Teufel selbst die Gestalt einer Schlange angenommen ... Die meisten würden jedenfalls eher ein Lämmchen als ein Schlangenbaby auf den Arm nehmen und streicheln wollen – mit anderen Worten: Reptilien sind alles andere als schnuckelig.

Ich will trotzdem versuchen, für die Kreuzotter Werbung zu machen. Sie ist nämlich ein außergewöhnliches Reptil, ein Sonderfall auch unter den Schlangen.

Grundsätzlich ist es ja so: Reptilien brauchen Wärme, um auf Betriebstemperatur zu kommen, da macht auch die Kreuzotter keine Ausnahme. Warmblüter regulieren ihre Körpertemperatur selbst, Kaltblüter aber sind auf Wärmezufuhr von außen angewiesen. Deshalb sind die warmen Regionen dieser Erde mit Reptilien übersät, während sie in Mitteleuropa schon seltener werden und sich im Bayerischen Wald ausgesprochen rarmachen – bis zur Donauebene ist es von uns aus nicht weit, aber dort sind Schlangen viel häufiger. Ein bestimmtes Reptil jedoch hält sich nicht an diese Regel. Es ist ein Überlebenskünstler, es kann selbst in den kältesten Landstrichen wild leben. Dieses Reptil ist die Kreuzotter.

Bis in Höhen von eineinhalbtausend Metern kann man bei uns Kreuzottern sehen, bis hinauf zum Großen Arber. Eine Ringelnatter bekommt hier oben schon Probleme, die muss immer schauen: Wo ist es warm genug für meine Eier? Sie braucht einen geeigneten Platz, und auch die Jahreszeit muss stimmen, damit ihre Eier von der Sonne ausgebrütet werden können. Nur die Kreuzotter ist unabhängig von der Gunst des Klimas. Sie pflanzt sich sogar in noch kälteren Gegenden fort, sie würde sich selbst in alpinen Regionen von zweieinhalbtausend Metern Höhe noch vermehren, denn sie legt keine Eier, sie bringt ihre Jungen lebend zur Welt. Zwar ist jedes Kreuzotterbaby in ein Eisäckchen eingeschlossen, wenn es den Mutterleib verlässt, aber dieses Säckchen zerplatzt beim Legen, kein Sonnenlicht muss nachhelfen, und damit geht das Kreuzotterleben für dieses Neugeborene unverzüglich los. Es ist nämlich fix und fertig, sobald es das Licht der Welt erblickt, es ist mit allem ausgerüstet, was man als Kreuzotter braucht, um sich eigenständig durchzuschlagen, und deshalb ist ein Kreuzotterbaby vom ersten Tag an unterwegs – und vom ersten Augenblick an auf der Jagd. Wäre es anders, wäre sie eine gewöhnliche Schlange, gäbe es im Bayerischen Wald gar keine Kreuzottern umzusiedeln.

Nun habe ich im ersten Kapitel vielleicht etwas voreilig behauptet, alle Tiere, soweit ich bisher mit ihnen zusammengekommen bin, seien zu Emotionen fähig, ja, besäßen ein regelrechtes Gefühlsleben. Trifft das auch auf Schlangen zu? Bei Lebewesen, die wir schnell unter die niederen Tiere einordnen, weil ihr Gehirn nicht an das von Säugetieren heranreicht?

Offen gesagt: Das mit dem Gehirn ist mir schnurzegal. Wahr ist aber auch: Eine Kreuzotter kann ihre Gefühle nicht zeigen. Auch möglich, dass es mir einfach nicht gegeben ist, ihr Stimmungen und Gefühle anzusehen. Aber hat sie deswegen keine? Ist Angst etwa keine Emotion? Jedenfalls sucht sie Deckung, wenn ein Greifvogel am Himmel unterwegs ist, und wie man herausgefunden hat, geht auch ihr Atem dann schneller. Und was ist mit der Kreuzotter auf meinem Bauch? War ihr Verhalten nicht geradezu eine Liebeserklärung an meinen Bauch? Ob nun in ihrem Gehirn oder in ihrem Herzen – irgendwo in diesem kleinen, nur sechzig bis höchstens achtzig Zentimeter langen Körper müssen sich Gefühle abspielen, muss sie Furcht, Aufregung oder Freude empfinden. Im Übrigen kennen wir auch Reptilien, die sogar Brutpflege betreiben, zum Beispiel das Krokodil.

Eine sichtbare, lesbare Körpersprache aber hat die Kreuzotter. Eigentlich braucht man die gar nicht zu kennen, weil jeder vernünftige Mensch einen Bogen um sie machen würde, und damit hätte sich der Fall. Da es aber offenbar Zeitgenossen gibt, die mit einer Kreuzotter partout Bekanntschaft machen möchten, erkläre ich ihre Körpersprache trotzdem: Zunächst wird sie einfach nur daliegen und keine, aber auch nicht die geringste Lust verspüren, sich mit einem Menschen anzulegen. Kommt ihr ein Mensch zu nahe, wird sie schleunigst das Weite suchen, denn – als Kreuzotter will man vor allem seine Ruhe. Ist ihr das aber verwehrt, oder fühlt sie sich aus irgendeinem Grund unsicher, wird sie zu züngeln beginnen, um zu klären, wer genau sie gerade stört. Mit wachsender Nervosität wird sie schneller züngeln, und kommt ihr ein Neugieriger jetzt immer noch näher, wird sie zu ihrer Drohgebärde übergehen und ihren Kopf zunächst anheben, um sich dann vielleicht sogar vorn aufrichten, mit zurückgebogenem Hals. Manche Schlangen zischen dabei, Kreuzottern aber tun das nicht immer. Sollte kein Züngeln und kein Drohen helfen, wird sie aus dieser Haltung schließlich vorschnellen und zubeißen – bis dahin aber hat sie alles getan, um den Unvorsichtigen zu warnen.

Also – wer auf Nummer sicher gehen will, der beherzige den einfachen Rat: Finger weg von allem, was nach Schlange aussieht. Wer aber die Kreuzotter-Spielregeln kennt und sich dran hält, der kann die tollsten Dinge mit ihnen erleben. Ich habe schon Gebiete aufgesucht, in denen sich Kreuzottern, Männchen wie Weibchen, im Frühjahr in hellen Scharen zur Paarung versammeln – und habe mich mitten unter sie auf den Boden gelegt, bin sozusagen auf Augenhöhe mit ihnen gegangen und habe Kreuzottern seelenruhig aus dreißig Zentimetern Entfernung fotografiert. Alle waren so freundlich, links und rechts an mir vorbeizukriechen, keine hat mir Beachtung geschenkt.

Und mehr darf man nicht erwarten. Freundschaften fürs Leben schließen Kreuzottern nicht einmal mit ihresgleichen. Wir sollten auch immer ein Augenmerk darauf haben, das wir die Tiere nicht wirklich stören.

3

Die Sprachen des Waldes

Natürlich wusste ich immer, dass Tiere anders sind. Schutzbedürftiger zum Beispiel. Wäre meine Mutter sonst so extrem dahinterher gewesen, dass ich alle Tiere gut behandle? Hätte sie mir sonst eingetrichtert, dass Tiere Gefühle haben wie wir? Nicht einmal Pflanzen durfte ich ohne Grund ausreißen. »Schenk mir keine Schnittpflanzen«, ermahnte sie mich, »schenk mir lieber eine Topfpflanze.« Offenbar war aus ihrer Sicht die ganze Natur uns Menschen ausgeliefert und damit in Gefahr.

Später machte ich die Erfahrung, dass es auch in der Tierwelt ganz schön rau zugehen kann. Vor etwa zwanzig Jahren, in meiner Zeit als Totengräber, beobachtete ich den Jagdunfall eines Sperbers. Auf unserem Friedhof stand ein kleiner Bagger zum Ausheben von Gräbern, bei dem waren die Seitenscheiben wegen der sommerlichen Hitze halb heruntergelassen, und auf der Flucht vor einem Sperber schoss ein kleiner Singvogel durch diesen Bagger, zum einen Fenster rein und zum anderen wieder raus. Der größere Sperber hinterher, aber so rasant, so ungestüm, dass ihm ein Navigationsfehler unterlief und er ungebremst gegen die Scheibe knallte. Er war augenblicklich tot, und solche Unfälle waren häufiger zu beobachten. Sperber auf der Jagd riskieren tatsächlich alles, als würde bei ihnen der Verstand aussetzen; sie sind tollkühne Draufgänger. Ein derart unerbittlicher

Jagdinstinkt dürfte in der Menschenwelt nun wieder selten sein.

Aber klar, wenn wir über die Unterschiede zwischen Mensch und Tier nachdenken, fallen uns als Erstes ganz andere Dinge ein. Körperliche Merkmale wahrscheinlich – dass die einen zwei Beine und zwei Arme haben und die anderen entweder auf vier Beinen laufen oder statt der Vorderbeine Flügel haben. Oder, wie im Fall der Kreuzotter, weder Beine noch Flügel. Ein anderer Unterschied fällt genauso ins Auge: Die einen sind mit nackter Haut überzogen, die anderen zusätzlich mit einem Fell oder mit Federn, wobei die Kreuzotter wieder eine Ausnahme macht und Schuppen hat – und so weiter …

Wer länger nachdenkt, kommt vielleicht auf einen weiteren wesentlichen Unterschied. Vielleicht ist es der Unterschied, der uns wirklich voneinander trennt, nämlich die Art und Weise der Verständigung, die Sprache, denn Menschen verständigen sich über die Stimme, Tiere nutzen dazu überwiegend die Ausdrucksmöglichkeiten des Körpers. Im globalen Reich der Lebewesen wären die Menschen also die Dichter und die Tiere die Tänzer, und folglich funktioniert Kommunikation in der Menschenwelt nur dann, wenn jeder die Ohren aufsperrt, während es im Tierreich darauf ankommt, die Augen offen zu halten. Wenn ich von der Sprache der Tiere spreche, ist deshalb in diesem Buch die Körpersprache gemeint.

Meistens jedenfalls. Denn natürlich bedienen auch wir Menschen uns der Körpersprache, genauso wie Tiere ihrerseits mittels der Stimme durch Laute oder Tonfolgen kommunizieren können – bestes Beispiel: der röhrende Hirsch. In seinem Fall wäre die Lautäußerung als Imponiergehabe gedacht – »Schaut her, ich bin der Größte und Schönste!« –, sie könnte aber bei anderen Tieren auch als Warnung gemeint sein oder als Bekräftigung eines Gebietsanspruchs, wie bei Singvögeln, und manchmal vielleicht auch einfach als Palaver, weil man sich etwas von der Seele trällern, krächzen oder schnattern muss. Wenn dem aber so ist, könnte man meinen, wenn also auch Tiere akustisch kommunizieren, dann sollte einer Verständigung zwischen Mensch und Tier doch nicht allzu viel im Wege stehen? Aber bei näherem Hinsehen stoßen wir hier auf ein ziemliches Problem.

Tatsächlich versteht in einem Wald jedes Tier die Lautäußerungen aller anderen – also nicht bloß innerhalb ein und derselben Art, sondern quer durch alle Arten. Selbstverständlich wollen sich eigentlich nur Artgenossen untereinander verständigen, aber Tiere anderer Arten schnappen diese Lautäußerungen ebenfalls auf, verstehen sie und reagieren darauf. Wenn äsende Hirschkühe beispielsweise einen Kolkrabenschrei hören, schauen sie auf, überlegen kurz, stellen dann vielleicht fest: Ein Warnschrei war es nicht, lassen wir ihn halt schreien – und grasen beruhigt weiter. Sie wissen eben, wie es der Kolkrabe gemeint hat und ob es sie betrifft oder nicht. Sollte allerdings ein Eichelhäher rufen, würden sie es nicht dabei bewenden lassen, die Ohren aufzustellen. Sie würden ihre Ohren vielmehr alarmiert in alle Richtungen drehen, denn der Eichelhäher wird in seiner Funktion als Wächter des Waldes von allen ernst genommen.

Oder nehmen wir die Hasenklage. So nennt man den Angst- oder Schmerzensschrei des Feldhasen, ein heiseres »Iiiii«. Ein Fuchs vernimmt diese Klage über eine Entfernung von Kilometern und weiß dann: verletzter, angeschlagener Hase – folglich leichte Beute. Hält er sich in der Nähe auf, wird er auf jeden Fall schnurstracks dorthin laufen; er kennt diesen Schrei ja und weiß, was er bedeutet.

Und ein weiteres Beispiel dafür, wie Kommunikation über Artengrenzen hinweg funktioniert: Lässt ein Reh sein merkwürdiges Bellen vernehmen, beziehen alle anderen Tiere diesen Warn- oder Angstschrei auf sich selbst. Die ganze Stimmung in einem Wald kann sich durch einen solchen Schrei verändern. Es kann sogar sein, dass plötzlich alle Vögel verstummen. Bis eben haben sie gezwitschert und gepfiffen, doch für die nächsten zehn Sekunden herrscht Totenstille – da war doch was, da hat ein Reh gebellt, ziehen wir vorsichtshalber mal die Köpfe ein ... Und genauso reagieren Rehe auf die Brunftschreie von Hirschen – sie wissen Bescheid und machen sich aus dem Staub. Wo Hirsche brunften, lässt sich im Umkreis des Brunftgebietes kein Reh mehr sehen – die können mit diesem Spektakel rein gar nichts anfangen, das ist ihnen zu viel Tamtam –, und da braucht kein Reh noch sicherheitshalber nachzusehen, da haben alle schon beim ersten Schrei verstanden.

Kurz gesagt: Jedes Tier beherrscht sämtliche Sprachen, die im Wald gesprochen werden. Keine Tierart führt hier ein isoliertes, nur mit sich selbst beschäftigtes Dasein, jede nimmt am vielfältigen Gesellschaftsleben des Waldes Anteil und interessiert sich auch für die Lebensäußerungen anderer Gattungen.

Aber kein Tier versteht die Sprache des Menschen. Was die Kommunikation angeht, leben Mensch und Tier in ganz und gar unterschiedlichen Welten. Alles, was ich sagen könnte, wäre für ein wildes Tier vollständig bedeutungslos. Spräche ich dort draußen mit einem Tier, würde es mich bestenfalls ignorieren, wahrscheinlich aber einfach davonlaufen. Das heißt: Seine Aufmerksamkeit – beziehungsweise seine Gleichgültigkeit, die mir viel lieber ist – errege ich nur durch meine Körpersprache. Und das bedeutet: Wer mit Tieren kommunizieren will, der muss lernen, jede seiner Bewegungen, jeden seiner Blicke, seine ganze Körperhaltung und selbst die Richtung, in der er sich bewegt, als Kommunikation zu verstehen. Als Anrede oder Gesprächsbeitrag. Darüber hinaus muss er lernen zu schweigen.

Und deshalb häufen sich zwischen Mensch und Tier die Missverständnisse. Sie häufen sich, weil Menschen aus Sicht von Tieren gewöhnlich mit einer durch und durch suspekten Körpersprache kommunizieren. Abgesehen davon, dass Menschen viel zu laut sind, bewegen sie sich viel zu schnell, zu abrupt, zu gehetzt. Sie verbreiten Hektik. Sie zerstören schon durch ihre Art des Auftretens jede Gesprächsgrundlage – und damit jedes Vertrauen. Um bei Tieren anzukommen, müssten Menschen geradezu aus ihrer menschlichen Haut heraus und sich einen völlig anderen Bewegungsstil zulegen. Und damit es nicht zu theoretisch wird, will ich jetzt die Geschichte einer Begegnung mit einem Rotfuchs erzählen. Das Vorspiel mitgerechnet, sind es sogar zwei Geschichten.

Es war im März, nachmittags gegen drei. Ein Tag, an dem endlich wieder die Sonne schien. Irgendwo im Nirgendwo hatte ich einen Baumstumpf auf einem Hügel gefunden und dort auf gut Glück meine Beobachtungsstation bezogen. Wie üblich tat sich nichts. Ich schaltete auf Stand-by und saß apathisch herum, als sich mir weiter unten eine Bewegung mitteilte. Ein merkwürdiger Ausdruck, ich weiß. Aber wie soll ich es nennen, wenn mein dämmerndes Gehirn plötzlich irgendwoher ein Signal empfängt, das auf die Anwesenheit eines Tiers schließen lässt?

Im nächsten Moment zeigte sich dort unten ein Fuchs. Auch er hatte mich entdeckt und sah zu mir her, gelassen, aber interessiert. Erstaunlich, denn um diese Uhrzeit war mit Füchsen eigentlich nicht zu rechnen. Während ich die ersten Bilder machte, setzte er sich hin, blickte weiterhin in meine Richtung, musterte mich unverwandt, mit dieser ruhigen Konzentration, wie sie nur Tieren eigen ist, und ich erwiderte seinen Blick. Von uns beiden war keiner in Eile.

Nach einer gewissen Zeit fand er die Sache offenbar langweilig. Dieser Typ da oben gehört anscheinend dort hin, mag er sich gedacht haben, und selbst, wenn nicht – einer, der sich nicht rührt, führt höchstwahrscheinlich auch nichts im Schilde, der dürfte harmlos sein, folglich brauche ich mich nicht länger mit ihm abzugeben ... Also stand er auf, machte kehrt und steuerte eine hübsche, kleine Lichtung an, kaum zwanzig Meter entfernt.

Mehr Vertrauen ist bei einem wilden Tier kaum denkbar. Nicht allein, dass er mir im Laufen den Rücken zukehrte, jetzt erstieg er auch noch einen Baumstumpf mit einer gleitenden Bewegung und setzte sich, das Gesicht von mir abgewandt, aufrecht hin. Ringsum lag noch Schnee, aber dieser Baumstumpf war frei und wurde von der Märzsonne beschienen. Dann und wann prüfte er mit einem kurzen Seitenblick, ob ich ihm gefolgt war – das war ich nicht –, wendete den Blick dann wieder ab und ließ sich seelenruhig seinen Pelz von der Sonne wärmen.

Es war ein Bild vollkommenen Behagens. Durch mein 600-Millimeter-Objektiv beobachtete ich, wie er immer wieder vorübergehend die Augen schloss und wegdämmerte, ganz den Wonnen dieses Sonnenbads hingegeben, während sein Fell im Licht der Nachmittagssonne feuerrot aufflammte. Er war also nicht auf der Jagd, er hatte nichts als Wellness im Sinn. Es war ein ekelhaft kalter Winter gewesen, jetzt ging er allmählich zu Ende, die Sonne gewann wieder an Kraft, und so ein Tag wollte ausgenutzt werden.

Er hatte sich übrigens nicht nur wegen des umliegenden Schnees für den schneefreien Baumstumpf entschieden. Der erhöhte Standpunkt war auch aus Sicherheitsgründen gewählt worden, wegen der Übersicht – in der Natur hast du ja nie die Garantie, dass dir nicht doch irgendwer an den Kragen will, und wer sich exponiert, möchte wenigstens eine gute Rundumsicht haben. Nach einer Dreiviertelstunde aber erfasste der Schatten seinen Baumstumpf, und der Fuchs verlor das Interesse an diesem Ort. Die Sonne hatte ihm gutgetan, doch jetzt war seine Mußestunde vorüber, und er verschwand – ohne die geringste Hast, und dennoch urplötzlich; drei, vier Schritte, und er war wie vom Erdboden verschluckt. So überraschend, wie er aufgetreten war, tauchte er auch wieder ab, ohne eine Schneeflocke aufzuwirbeln.

Ein Zufall? Ja, natürlich. Aber ein Jahr später hatte ich eine ganz ähnliche Begegnung, ebenfalls im Frühling, allerdings etwas später im Jahr, an anderer Stelle und mit einem anderen Fuchs.

Der Schnee ist bereits geschmolzen, aber die Nächte sind noch kalt. Auch diesmal sitze ich wieder auf einem Baumstumpf und schaue mit einer gewissen Teilnahmslosigkeit in die Gegend. Da bemerke ich in der Ferne eine Bewegung. Ich benutze mein 600-Millimeter-Objektiv als Fernglas und entdecke einen Fuchs. Schade, dass er so weit weg ist. Und schade, dass ich ihn gleich wieder aus den Augen verliere.

Mit einem Mal taucht er erneut auf. Er ist näher gekommen. Und er läuft direkt auf mich zu. Hält zwischendurch inne, lässt sich kurz auf die Hinterbeine nieder, schaut zu mir herüber und setzt dann seinen Weg fort, wobei er offenbar einen bestimmten Baumstumpf ansteuert, etwa fünfzehn Meter von mir entfernt. So zielstrebig, wie er sich bewegt, kennt er diesen Platz, der dort leicht erhöht in der prallen Sonne liegt. Und wirklich – kaum hat er ihn erreicht, schwingt er sich hinauf und macht es sich dort gemütlich, als wäre ich Luft. Jetzt gibt es hier oben zwei, die die Landschaft im Tal betrachten, während die Sonne ihnen den Pelz wärmt.

So weit, so gut und wie gehabt. Ich habe alle Zeit der Welt für Fotos und Videos von diesem Burschen. Doch dann, ganz plötzlich, verlässt er seinen Platz. Wo ist er hin? Ein paar Fichten verdecken mir die Sicht. In welche Richtung mag er sich davongemacht haben, welche ist die wahrscheinlichste? Ich verlasse mich in solchen Momenten weniger auf meine Augen als auf meinen Instinkt, doch dann geschieht das völlig Unerwartete: Dieser Fuchs geht pfeilgerade auf mich zu. Der will sich ein genaues Bild von dem Mann mit der Kamera machen. Er kommt mir so nahe, dass ich befürchte, keine scharfen Fotos mehr machen zu können, denn mein 600er-Objektiv benötigt einen Mindestabstand von zweieinhalb Metern.

Da steht er. Schaut mich an. Und wie jedes Mal gibt es auch jetzt nur noch dieses Tier und mich auf der Welt; alles andere blende ich aus meiner Wahrnehmung aus. Ein Auerhahn könnte neben mir balzen, ich würde ihn überhören. Selbst der Weltuntergang müsste warten, bis ich meine Bilder gemacht habe. Gottlob hat er einen Abstand von vier Metern für angemessen erachtet; auf diese Entfernung kann man als Fotograf nichts falsch machen.

Ich hab's trotzdem vermasselt. Denn vielleicht wäre noch mehr drin gewesen bei einem Fuchs, der sich durch nichts aus der Fassung bringen ließ, weder durch meine Bewegungen noch meine Kamera und auch nicht durch meine Blicke. Dann aber ist mir ein Fehler unterlaufen. Ich wollte ihn zusätzlich filmen, habe von Einzelbild- auf Videofunktion umgeschaltet, und statt »klick, klick, klick« wie beim Fotografieren machte es plötzlich »piep«. Das Klicken war ihm egal gewesen, das hatte er irgendwie in seinen akustischen Erfahrungshorizont eingebaut, aber dieses Piepen kam in seiner Welt offensichtlich nicht vor. Zu spät. Auf fünfzehn Meter Distanz hatte ihm dieses Geräusch nichts ausgemacht, aber auf vier Meter Entfernung sah die Sache anders aus – im selben Moment machte er einen Satz zur Seite und war im Nu verschwunden; ich wusste nicht einmal, in welche

Richtung. Ich stand auf, um besser sehen zu können, aber da war nichts mehr. Wie ein Phantom hatte er sich in Luft aufgelöst.

Als Bilanz dieser Begegnung kommen mir drei Dinge in den Sinn. Erstens: Dieser Fuchs wusste natürlich, dass ich ein Mensch bin. Aber es hat ihn nicht gestört. Irgendwie habe ich in sein Weltbild gepasst, als wäre ihm nichts Absonderliches an mir aufgefallen, als hätte er so etwas wie mich schon erlebt. Der Piepton meiner Kamera aber ist ihm unheimlich gewesen, den hat er nicht einordnen können, und wie Tiere sind – da wird nicht lange gegrübelt, da wird sofort reagiert –, ist »mein« Fuchs augenblicklich untergetaucht, spurlos, geräuschlos, als hätte sich die Erde unter ihm aufgetan. Alles Unbekannte kann gefährlich sein, lebensgefährlich, und dann werden hier draußen, in dieser Welt der wild lebenden Tiere, augenblicklich sämtliche Register der Überlebenskunst gezogen; in diesem Fall: blitzartiges Untertauchen.

Und zweitens: Wie in dieser Geschichte sind meine Bilder auch sonst in aller Regel keine besonders seltenen Schnappschüsse; sie entstehen vielmehr in völlig entspannter Atmosphäre. Fast alle Tiere, die ich fotografiert habe, haben mich vorher gesehen, taxiert und dann beschlossen: »Den lassen wir machen.« Ich habe für meine Fotos also fast immer jede Menge Zeit – es sei denn, ich fotografiere Vögel. Vögel sind in mancherlei Hinsicht besondere Geschöpfe. Bei denen heißt es wirklich, auf Zack zu sein und seine Chancen blitzschnell zu nutzen.

Und schließlich drittens, was mein eigenes Verhalten angeht: Habe ich mich während unserer Begegnung überhaupt bewegt? Ja. Ich habe die Kamera hochgenommen, ich habe den Auslöser betätigt, ich habe die Kamera mehrfach zwischendurch kurz abgesetzt, alles in Zeitlupe – aber ansonsten habe ich dagesessen, reglos wie ein Buddha. Die beste Körpersprache ist eben gar keine Körpersprache, vorausgesetzt, ein Tier ergreift, wie in diesem Fall, die Initiative und geht auf mich zu. Sollte es allerdings auf seinem Platz verharren, wäre ich es, der die Initiative ergreifen müsste, und in diesem Fall würden andere Regeln gelten. Dazu später mehr; aber – sollten wir jetzt nicht das Thema Rotfuchs weiterverfolgen?

4

Drei Gänse auf einen Streich – der Rotfuchs

Die nackten Fakten vorweg. Die werde ich auch in weiteren Tierporträts liefern, denn ich denke mir, dass viele nur ein ungefähres Bild von der ein oder anderen Tierart im Kopf haben und insbesondere schwer einschätzen können, welche Größe ein bestimmtes Tier im Vergleich zu anderen erreicht.

Unser Rotfuchs misst, wenn man den Schwanz abzieht, fünfzig bis neunzig Zentimeter in der Länge, erreicht eine Schulterhöhe von vierzig bis fünfzig Zentimetern und wiegt fünf bis sieben Kilo. Er ist also kein Schwergewicht unter den heimischen Beutegreifern, der europäische Luchs ist deutlich größer, aber die kleinsten Raubtiere in unseren Breiten, Marder, Wiesel oder Hermelin, übertrifft er locker.

Und wo wohnt der Fuchs? Die Wohnungsfrage interessiert mich immer, weil sie in der Tierwelt ganz unterschiedlich gelöst wird. Größere Tiere lassen es meist bei einem offenen Schlafplatz im Dickicht oder im hohen Gras bewenden, kleinere aber kennen das Bedürfnis nach Schutz und Komfort, bauen sich Nester, Kobel, Burgen oder Wohnhöhlen und legen dabei in aller Regel eine enorme Geschicklichkeit, eine ausgesprochene technische Versiertheit an den Tag. Bei Füchsen ist es so, dass sie Höhlen anlegen, die man sich bei Tieren ihrer Größe recht geräumig vorstellen muss, mit einem Haupteingang, dem eigentlichen Wohnkessel sowie zusätzlichen Fluchtröhren – es sei denn, ein Dachs hätte noch

Zimmer frei. Es kommt nämlich vor, dass Dachse in ihrem Bau über mehr Wohnraum verfügen, als sie selbst nutzen können, und nicht das Geringste dagegen haben, eine Fuchsfamilie bei sich aufzunehmen. Engeren Kontakt werden die beiden dann nicht suchen, es wird bei der Vernunftlösung einer reinen Zweckgemeinschaft bleiben, aber so ein Dachs denkt sich halt: »Weitere gute Nasen und noch mehr scharfe Augen, noch mehr wachsame Ohren mehr können nicht schaden.« Dass es über den Fuchs als Untermieter je Klagen gegeben hätte, ist mir nicht bekannt.

Was nun mein eigenes Verhältnis zu Füchsen angeht – mich fasziniert vor allem ihre Intelligenz. Jäger sind ihren potenziellen Beutetieren sowieso stets an Intelligenz überlegen, denn Reißzähne und Klauen nützen ihnen nur, wenn sie außerdem ein bisserl klüger sind. Zum Fliehen und Verkriechen gehört eben nicht viel – ein Kaninchen zum Beispiel verschwindet einfach in seinen Bau und wartet, bis die Gefahr vorüber ist, es hat aber keine Strategie, wie es seinen Verfolger austricksen könnte. Ein Beutegreifer hingegen muss gewieft sein, er muss Ideen haben und strategisch denken können, um seiner Beute habhaft zu werden, und der Fuchs gilt seit jeher als besonders schlau.

Aber wie es auch unter Menschen gelegentlich vorkommt – Sympathie bringt dem Fuchs seine Intelligenz nicht unbedingt ein. Jedenfalls war sein Ruf in der Welt der Menschen noch nie der beste: Er gilt als blutrünstiger Hühnerschlächter, er ist bekanntlich auch derjenige, der die Gans gestohlen hat. Nur wer eine Wiese hat, liebt ihn. Wer hingegen einen Hühnerstall hat, wird sehr schlecht auf ihn zu sprechen sein.

Mit der Wiese verhält es sich so: Ist sie frisch gemäht, übt sie eine magische Anziehung auf Turmfalken, Mäusebussarde und eben auch auf Füchse aus. In einer abrasierten Wiese findet nämlich kein Beutetier mehr Deckung, da tritt das Treiben von Mäusen, Grillen und Käfern offen zutage, und Beutegreifer kommen sich dann vor wie unsereins vor einem üppigen Buffet. Und jetzt wird nicht nur der Mäusebussard mit einem Holzgestell beglückt, auf dem er ansitzen kann, auch der Fuchs ist mit einem Mal willkommen, weil er dem Bauern die Mäuse vom Hals hält. Übrigens ist eine gemähte Wiese auch der ideale Ort, um wilde Tiere zu beobachten – man braucht sich dann nur an den Waldrand zu hocken und wird in kurzer Zeit eine ganze Reihe von Beutegreifern zu Gesicht bekommen.

Wer jedoch einen Hühnerstall besitzt … Aber wir machen es dem Fuchs auch leicht. In den Ausläufern von Dörfern und Städten ist alles voll von satten Haustieren, die komplett wehrlos und überdies noch eingesperrt sind. Wenn der Fuchs nun spitzkriegt, dass bestimmte Tiere ohne Anstrengung zu erbeuten sind, wird er diesen Stall oder jenen Hof ein ums andere Mal aufsuchen und sich dort gütlich tun, denn, wie gesagt, dumm ist er nicht. Einem Bauernhof mit Gänsen oder Hühnern zu widerstehen, die sich frei im ungesicherten Auslauf tummeln, geht über seine Kräfte, da wird er gleich übermorgen zurückkommen und sich die nächste Mahlzeit sichern. Viel größer aber wird der Schaden sein, sollte es ihm gelingen, in einen geschlossenen Hühnerstall einzudringen, denn das würde unweigerlich auf ein Massaker hinauslaufen. Stimmt es also, dass der Fuchs blutrünstig ist, wie es oft heißt?

Nehmen wir einmal seine Sicht ein … Er entdeckt einen Stall. Der riecht für ihn nach Essen. Folglich zögert er nicht lang und wühlt oder zwängt sich hinein, woraufhin unter den Hühner erklärlicherweise Panik ausbricht. Da sie nicht fliehen können, flattern sie kopflos herum und klatschen gegen die Wände, und solange der Fuchs im Stall ist, wird sich die Panik auch nicht legen. Was spielt sich nun in seinem Kopf ab?

Klar, sein Jagdtrieb erwacht. Bevor ich meinen Hunger stillen kann, sagt er sich, muss ich ein Tier erjagen, und macht sich prompt ans Werk. Aber nirgendwo in der Natur kommen vierzig Hühner auf zehn Quadratmetern in ausweglose Lage vor, die deshalb »blind« herumstieben oder wie verrückt im Kreis laufen. Der Fuchs kennt es jedenfalls anders. Draußen in der Natur würde er sich auf ein einziges Wildhuhn konzentrieren, und bis er damit glücklich und zufrieden abziehen könnte, hätten sich alle anderen längst in Sicherheit gebracht. Damit wäre seine Jagd zu Ende; der Fuchs hätte sein Ziel erreicht, und alle übrigen Wildhühner wären mit dem Leben davongekommen. Alle Beteiligten hätten wieder ihre Ruhe.

Aber in diesem Hühnerstall will einfach keine Ruhe einkehren! Kaum hat er das erste Huhn gefangen und zerbissen, bemerkt er zu seiner größten Verwunderung anhaltendes panisches Getümmel und stellt fest: Beute immer noch flüchtig! Wie ist das möglich? Und weiter geht's. Er schlägt zu, wieder und wieder, und lässt nicht locker, bis endlich doch noch Ruhe einkehrt – und unser Fuchs abgekämpft zur Kenntnis nehmen muss: »Vierzig tote Hühner, aber mitnehmen kann ich nur eines …« Kurzum, der Fuchs hat etwas erlebt, das im Leben eines wilden Tiers niemals vorkommt. Sein Verhalten in diesem Hühnerstall hat nichts mit Mordlust und nichts mit Blutrausch zu tun. Es hat allein damit zu tun, dass er nicht begreift, wieso seine Beute weiterhin flieht, nachdem er nun schon zweimal, fünfmal, zehnmal zugebissen hat. Ja, so intelligent ist er auch wieder nicht.

Natürlich, in einer Großstadt liegen die Dinge gänzlich anders. Da fließt nicht mal Blut. Da sitzt der Fuchs auf der Biotonne und schlägt sich den Bauch mit Cheeseburger-Resten und Chips und Fleischabfällen voll. Großstädte sind für Allesfresser ein Paradies, und ein Fuchs ist alles andere als wählerisch. Aber ob er dort auch glücklich wird? Anfangs werden die Leute ihn immerhin noch putzig finden, ihn vielleicht füttern, den Nachbarn dazuholen und ein Filmchen ins Internet stellen, das ihn beim Verzehr von Keksen zeigt. Nach zwei, drei Jahren aber werden sie ihn lästig finden und das Interesse an ihm verlieren. Sie werden sogar feststellen, dass er von Mal zu Mal frecher wird, sie werden von einer Fuchsplage sprechen, und dann dürfte es nicht mehr lange dauern, bis eine Schrotladung oder ein Stück vergiftetes Fleisch seinem Schlemmerdasein ein Ende setzt.

Nein, zurück zu den Füchsen des Bayerischen Walds, wo sich unlängst eine kuriose Geschichte zugetragen hat.

Gänse, hört man bisweilen, seien wehrhaft genug, Füchse in Schach zu halten. Nun ergab sich hier bei uns eine Gelegenheit, diese Annahme zu überprüfen, als auf einem nahe gelegenen Hof folgendes Problem auftauchte: Lange Zeit hatte der Bauer seine Hühner morgens rausgelassen und abends wieder eingesperrt, ohne dass ihm eins gefehlt hätte. Mit einem Mal aber verschwanden in kurzer Folge mehr als zwanzig, vermutlich von einem Fuchs geholt, der Junge zu ernähren hatte. Was tun?

Der Versuch, einen Jäger mit der Lösung des Problems zu beauftragen, schlug fehl, weil der Mann keine Zeit hatte, vielleicht auch keine Lust, von morgens bis abends dem Fuchs aufzulauern. Die Lebendfalle, die als Nächstes aufgestellt wurde, interessierte den Fuchs bei diesem Hühnerreichtum überhaupt gar nicht. Und nun kam der Besitzer dreier Kanadagänse ins Spiel. Der schwor auf seine Gänse, bot dem geplagten Mann seine Tiere zur Bewachung der Hühner an und begründete seine Zuversicht mit der Beobachtung, dass auch sein Dackel sich vor diesen Gänsen fürchte. Sein Dackel!

Nun gut, die Gänse wurden engagiert. Es waren drei große, ausgewachsene Tiere, sie konnten tatsächlich giftig werden, und am ersten Tag ging alles gut, aber am zweiten

Tag lagen abends drei tote Kanadagänse etwa hundertfünfzig Meter weit vom Hof entfernt im Gras, alle mit einem einzigen Biss in den Hals getötet. Das sah nach einer regelrechten Hinrichtung aus, zumal nur eine Gans teilweise verspeist worden war, und etwas Ähnliches musste sich auch wirklich zugetragen haben, nämlich Folgendes, wie ich vermute:

Die Gänse hatten beim Anblick des Fuchses nicht etwa das einzig Richtige getan und ihre Beine in die Hand genommen, nein, sie hatten tatsächlich ernsthaft versucht, diesen Fuchs zu beeindrucken. Der Fuchs seinerseits wird von der Aussicht auf Gänsefleisch beglückt gewesen sein, hätte sich aber mit Sicherheit mit einer einzigen Gans begnügt, wären die anderen zwei beizeiten in Deckung gegangen. So schlau waren sie jedoch nicht, und um dem ärgerlichen Geschnatter ein Ende zu machen, hat er halt allen dreien die Kehle durchgebissen.

Ich hatte den Gänsen von vornherein keine großen Überlebenschancen eingeräumt. Ein Wildtier schlägt zurück, wenn es belästigt wird. Das lässt sich keine Frechheiten bieten, es weiß auch, an welcher Stelle es zubeißen muss, um kurzen Prozess zu machen, und Gänse haben nun einmal wunderbar lange, gut erreichbare Hälse. Beutegreifer versuchen ja immer, an den Hals zu gehen, um den Todeskampf abzukürzen; ein langer Todeskampf nämlich kostet den Jäger nicht nur Energie, er riskiert dabei obendrein, selbst eine Verletzung davonzutragen, und in der Natur können auch kleine Verletzungen den Tod bedeuten. Nun ja, kurz und gut – es war ein ungleicher Kampf mit vorhersehbarem Ausgang.

Nun dürften Hühner oder gar Gänse allerdings seltene Leckerbissen bleiben, denn ein Fuchs verzehrt ganz überwiegend Mäuse. Wahrscheinlich machen sie neunzig Prozent seiner Beute aus, und in der Disziplin des Mäusefangens ist er ein wahrer Meister.

Man muss gesehen haben, wie er dabei vorgeht. Zunächst einmal passiert nämlich gar nichts, seine Jagd beginnt ganz unspektakulär mit einem Lauschangriff. Um die Maus zu lokalisieren, dreht er seine Ohren in alle Richtungen, während er seinen Kopf hierhin und dorthin wendet und so immer neue Frequenzen empfängt. Indem er ein vollständiges Klangbild seiner Umgebung erzeugt, kann er den Standort einer Maus mit absoluter Sicherheit bestimmen, schleicht sich als Nächstes an sein Opfer heran, bleibt plötzlich wie angewurzelt stehen und setzt dann zu dem berühmten Mäusesprung an, federt fast senkrecht in die Höhe und schießt wie ein Pfeil, millimetergenau, auf die Maus herab, blitzschnell und völlig lautlos.

Dieser Mäusesprung ist auch für mich jedes Mal faszinierend mit anzusehen. Aber was rede ich hier eigentlich? Heißt es denn nicht immer, der Fuchs sei ein Nachtjäger? Wie kommt es also, dass ich von Füchsen erzählen kann, die mir am helllichten Tag über den Weg gelaufen sind?

Tatsächlich ist es so, dass Füchse fernab menschlicher Siedlungen ganz selbstverständlich tagsüber unterwegs sind. Aber sie teilen das Schicksal von Wildschweinen und Rehen, die genauso wenig nachtaktiv waren wie der Fuchs, bevor der Freizeitmensch begann, Wiesen und Wälder für sich zu erobern. Heute lässt der Mensch diesen Tieren keine andere Wahl mehr, und wenn Beutetiere erst in der Abenddämmerung aktiv werden, müssen eben auch Beutegreifer nachts jagen. Der Mensch hat diese Tiere gezwungen, sich umzustellen; wo sie aber fernab von Wanderwegen und Mountainbike-Pisten unter sich sind, halten sie an ihrer ursprünglichen Lebensweise fest und nutzen das Tageslicht. So auch jener Fuchs, mit dem ich dieses Kapitel beschließen will. Ich verdanke diesem Tier eine der aufregendsten Begegnungen, die ich je in freier Wildbahn hatte.

Alles beginnt mit einem Telefonanruf. Eine Bekannte, die Frau eines Bauern, lässt mich wissen, dass in der Nähe ihres Hofs seit Wochen ein Fuchs auftaucht, der sich merkwürdig benimmt.

»Wir sehen ihn tagsüber draußen rumlaufen. Der Kerl kommt bis auf hundertfünfzig Meter ans Haus heran. So was haben wir noch nie erlebt.«

»Okay«, sage ich, »schauen wir uns den mal an.«

Ich fahre also zu ihrem Hof, stelle den Wagen ab und laufe los. Es ist Winter, Äcker und Wiesen liegen unter einer Schneedecke, und in dem endlosen Weiß zeigt sich jetzt tatsächlich ein rotbrauner Fleck, offenbar besagter Fuchs.

Auch er hat mich gesehen, hält in der Bewegung inne und bleibt stehen. Aber noch ist die Entfernung zu groß. Ich überlege. Wie fahren wir jetzt fort? Er seinerseits scheint nichts unternehmen zu wollen, er rührt sich nicht vom Fleck. Soll ich also auf ihn zugehen? Lässt er mich kommen? Ich zögere. Diese Situation ist für mich neu. Bislang hatten wir es anders gehalten, der Fuchs hatte sich mir genähert, nicht umgekehrt, aber diesmal sieht es so aus, als ob er mich erwarte. Also gut. Zum ersten Mal im Leben laufe ich auf einen Fuchs zu, der keine Anstalten macht, mir entgegenzulaufen, der allerdings genauso wenig daran denkt zu fliehen, der vielmehr auf einer kleinen Bodenwelle nun plötzlich unruhig suchend hin und herläuft, als würde ihm irgendetwas Kopfzerbrechen bereiten. Offenbar hat er beschlossen, mich vorläufig zu ignorieren, und ich grübele: Was ist mit dir los? Was machst du da? Bist du verletzt? Soll ich dir helfen?

Ich gehe weiter. Ich komme ihm Schritt für Schritt näher. Noch trennen uns zwanzig Meter, da schaut er auf, mit leicht zurückgezogenem Kopf, und ich verstehe. Dies ist seine Art zu sagen: Was soll ich davon halten? Okay, er ist also irritiert. Würde es ihn beruhigen, wenn ich eine leichte

Kursänderung vornähme? Wenn ich nicht direkt auf ihn zuliefe, sondern in einem Winkel von zwanzig Grad, sodass mich mein Weg in kurzem Abstand an ihm vorbeiführen würde? Eine solche Kurskorrektur hat auf die meisten Tiere eine besänftigende Wirkung, und sie funktioniert auch diesmal. Dass ich ihm trotzdem näher komme stört ihn nicht – was Tiere aber grundsätzlich nicht mögen, ist, auf direktem Wege angesteuert zu werden. Nach wie vor aber bin ich im Ungewissen, was hier vor sich geht. Will er nach einer harten Winternacht auf dieser Bodenwelle lediglich Sonnenenergie tanken? Aber warum lässt er mich so nahe herankommen?

Ich mache noch ein paar Schritte auf ihn zu, bin jetzt bloß noch fünf Meter von ihm entfernt, gehe dann in die Hocke und kann mir endlich ein genaues Bild von seinem Zustand machen. Verletzt ist er nicht. Er speichelt nicht, er hat keine trüben Augen, er verhält sich auch nicht apathisch. Ich bemerke keinerlei Anzeichen für Tollwut oder andere Krankheiten. Weder Stress noch Schmerzen sind ihm anzusehen. Er ist ein kerngesunder, bildschöner Fuchs im glänzenden Winterfell. Das einzig Sonderbare an diesem Kerl ist seine unfassbare Zutraulichkeit.

Dann macht er etwas Verrücktes. Er wendet sich von mir ab, geht diesen Geländebuckel ein Stück weiter hinauf, dreht sich um die eigene Achse wie ein Haushund, der sich's im Körbchen bequem machen will, und legt sich nieder, als würde er sich unbeobachtet fühlen. Jetzt probierst du was aus, denke ich, arbeite mich langsam und so geschmeidig wie möglich vor und robbe noch näher an ihn heran. Wollen wir doch mal sehen, wie weit wir dieses Spiel noch treiben können … Das Risiko, gebissen zu werden, kalkuliere ich ein, auch wenn der Biss eines Fuchses alles andere als angenehm ist.

Jetzt trennt uns höchstens noch ein knapper Meter. Immerhin erhebt er sich nun. Am Boden liegend sehe ich ihm direkt in die Augen, atme seinen intensiven Fuchsgeruch ein, höre, wie er seinerseits meinen Geruch mit der kalten Winterluft einzieht. Ich wechsele in aller Seelenruhe mein 600er- gegen ein Weitwinkelobjektiv, denn dieser Moment muss festgehalten werden, ich brauche ein Beweisfoto, das glaubt mir doch sonst kein Mensch, also halte ich die Kamera am ausgestreckten Arm für ein Selfie hoch, ein Selfie mit Fuchs. Ich habe keine Ahnung, ob ich uns beide zusammen aufs Bild bekommen habe, möchte deshalb auf Nummer sicher gehen und will mich gerade noch einige Zentimeter näher an ihn heranschieben, da passiert's: Er legt ein Ohr nach hinten, seine Augen verengen sich zu Schlitzen, und ich verstehe: Jetzt reicht's. Auf Streicheleinheiten kann er verzichten ... Noch größere Nähe gesteht er mir also nicht zu.

Aber es ist ja sowieso unglaublich. Was für ein Glück! Da befinde ich mich auf Armeslänge einem Fuchs gegenüber, der mich ohne eine Spur von Nervosität aus nächster Nähe anblickt. Später zeigt sich, dass mein Foto die Unwirklichkeit der Situation aufs Schönste wiedergibt: Alle Konturen zeichnen sich an diesem herrlichen Tag messerscharf ab, und alle Farben sind von äußerster Intensität, das strahlende Blau des Himmels, das gleißende Weiß des Schnees und das leuchtende Rot dieses herrlichen Fuchses, dazu das bärtige Gesicht eines gewissen Woid Woife.

Und jetzt sind wir miteinander fertig. Ich stehe auf, gehe davon, blicke mich noch einmal um und sehe, wie der Fuchs mir nachschaut, dann kehrtmacht und in die entgegengesetzte Richtung abzieht. Danach wurde er nie wieder gesehen. Drei Wochen lang war er fast täglich in der Nähe des Bauernhofs gesichtet worden, von diesem Tag an blieb er verschwunden. Hatte ihn ein Jäger abgeschossen? War er von einem Auto überfahren worden? Diese Möglichkeiten bestehen, aber ich glaube nicht daran. Womöglich hatte er tatsächlich auf mich gewartet. Jedenfalls scheint er unser Treffen genauso genossen zu haben wie ich, und damit war unsere Affäre beendet. Anschließend ist eben jeder seiner Wege gegangen.

Dies ist auf jeden Fall die seltsamste und aufregendste Fuchsgeschichte, die ich erlebt habe. Und wenn mich jemand fragt, wie ich mir diese Begebenheit erkläre – was soll ich sagen? Ich erkläre sie mir gar nicht. Niemand kann sich in einen Fuchs hineinversetzen. Es war einfach eine wunderschöne Begegnung, und im Übrigen – es gibt Dinge zwischen Mensch und Tier, die auf ewig ungeklärt bleiben werden.

5

Wilde Tiere durchleuchten uns

Ich staune immer wieder, wie schnell und sicher potenzielle Beutetiere erkennen, ob Gefahr im Verzug ist oder nicht. Da taucht am Himmel über ihnen ein ausgespanntes Flügelpaar auf, sie blicken kurz nach oben – und grasen im nächsten Augenblick seelenruhig weiter, weil dieser bestimmte Greifvogel nicht von der Art ist, die ihnen nach dem Leben trachtet. Sie schätzen die Bedrohung blitzschnell richtig ein und gehen dabei nicht nur nach der Körpergröße. Sie kennen die Silhouette, sie kennen den Flugstil, sie kennen die typischen Manöver und identifizieren Fressfeinde in Bruchteilen von Sekunden. Taucht ein Mäusebussard über einem Feldhasen auf, duckt sich der Hase kurz, schaut hoch, entspannt sich sofort wieder und setzt seine Mahlzeit aus Grünzeug ungerührt fort – an Tieren seines Kalibers würde sich ein Bussard niemals vergreifen. Hätte stattdessen ein Habicht da oben seinen Auftritt, würde der Hase sofort von der Bildfläche verschwinden, denn bei dem steht er sehr wohl auf der Speisekarte. Dabei ist der Mäusebussard dem Habicht vom Flugbild her ähnlich, verhält sich aber ganz anders; er kreist gewöhnlich am Himmel, er lässt auch die rasante Zielstrebigkeit eines jagenden Habichts vermissen. Solche entscheidenden Unterschiede registriert ein Reh, ein Hase, ein Wiesel im Handumdrehen. Für Tiere gibt es nur entweder – oder, kein Vielleicht und auch kein zögerliches »Es könnte doch aber auch …«.

Genauso schnell aber kommen Tiere auch bei einem Menschen zu ihrem Urteil. Wilde Tiere durchleuchten uns förmlich. Sie werden uns unseren Charakter, unsere Gemütslage, unsere Absichten kaum ansehen, aber sie wittern, sie spüren, sie erfassen wohl intuitiv, was mit uns los ist. Die Körpersprache ist also nicht alles, wenn wir Tiere von unserer Vertrauenswürdigkeit überzeugen wollen. Sie reagieren auch auf unsere innere Verfassung. Sie prüfen unsere ganze Einstellung zur Welt und zum Leben.

Und ausgerechnet so ein Leck-mich-am-Arsch-Typ wie ich, dieser hoffnungslose Fall, wenn es um ein geregeltes Leben und eine geregelte Arbeit geht, scheint nach Ansicht der Tiere vieles richtig zu machen. Offenbar hat mich schon die Natur mit manchem ausgestattet, was mir im Wald zugutekommt. Aber natürlich habe ich auch durch Anpassung gelernt. Ich wollte die Spielregeln des Waldes begreifen, ich war auch bereit, sie zu befolgen, ich habe, wenn nötig, sogar leichten Herzens vieles über Bord geworfen, was mich in den Augen meiner Zeitgenossen zum zivilisierten Menschen macht. So finde ich zum Beispiel überhaupt nichts dabei, die Losung von Tieren in die Hand zu nehmen, sie zu beschnüffeln und zu untersuchen.

Eklig? Ja, ich weiß ... Wir erleben ja seit Jahrzehnten eine regelrechte Überwältigung durch den Ekel. Sendungen wie Dschungelcamp beuten diesen Ekel aus und haben damit Erfolg, weil Ekel inzwischen zum Selbstverständnis des zivilisierten Menschen gehört. Ekel vor tierischen Innereien zum Beispiel, vor Herz, Leber, Nieren oder Hirn, gehört schon fast zum guten Ton, dergleichen hat jedenfalls auf den Tellern von hochentwickelten Lebewesen nichts zu suchen – oder?

Nun, ich ekele mich nicht, obwohl auch ich hochentwickelt bin.

Zumindest besitze ich einen ziemlich hochentwickelten Geruchssinn. Wenn meine Frau Sabine in der Küche eine

Salatgurke schneidet, rieche ich das noch im Schlafzimmer, dabei kann man kaum zarter duften als eine Salatgurke. Parfüm ist für mich eine Qual. Es sticht mir in der Nase, es verursacht mir Kopfschmerzen, sehr zum Leidwesen meiner Frau, die mich natürlich zu Recht tadelt, wenn sie meine Proteste mit dem Hinweis pariert: »Du sitzt draußen bei deinen Viechern und schnüffelst am Kot, aber wenn ich mal Parfüm benutze, fängst du 's Schreien an!« Stimmt. Auf mich wirkt der Raubtiergestank eines Fuchses betörender als der Duft von Chanel Nr. 5.

Tatsache ist, dass ich mit meinem Geruchssinn im Tierreich bestens aufgehoben bin. Mich stört es in keiner Weise, wenn ein Tier streng riecht oder gar stinkt. Wenn mir Matilde (ein Mardermädchen, das ich aufgezogen habe) einmal über die Jacke läuft, muss die hinterher in die Wäsche – ich streichele Matilde trotzdem. Marder, aber auch Fuchs und Luchs haben einen extrem heftigen Wildgeruch, der zu gewissen Zeiten sogar unser Büro erfüllt, immer dann nämlich, wenn einer der beiden Käfige dort Babys von Beutegreifern beherbergt. Eine Zumutung, findet meine Frau, ich aber schlafe tief und selig gleich neben diesen kleinen Kerlen.

Nebenbei gesagt: Durchdringender Wildgeruch rührt natürlich auch daher, dass sich viele Tiere mit stinkenden Sekreten selbst markieren. Beim Rothirsch beispielsweise öffnet sich während der Brunft eine Drüse unterhalb des Auges, wo ein Sekret austritt, das seinen ohnehin starken Körpergeruch ins Aufsehenerregende steigert. Während seiner Wanderungen durchs Brunftrevier streift er so viel wie möglich von diesem Sekret an Bäumen und Sträuchern ab, um die Damenwelt von seinen überragenden Qualitäten zu überzeugen, und kommt damit auch gut an; Hirschkühe haben halt andere Nasen als wir.

Nun gut, über Gerüche lässt sich nicht streiten. Die Ansichten von Tier und Mensch liegen in diesem Punkt schon sehr weit auseinander. Aber auch ich stoße mitunter an meine Grenzen.

Menschenlosung, Katzenlosung, Hundelosung finde ich widerlich. Aber Menschen, Katzen, Hunde sind Lebewesen, die Dosenfutter aus Supermärkten zu sich nehmen, und Zivilisation riecht nun mal selten gut. Wildtiere essen besser, sie ernähren sich gesünder, deshalb stinkt ihre Losung auch nicht. Nichtsdestoweniger stellt sich auf jeder Wanderung mit einer Besuchergruppe erst mal Befremden ein, wenn ich mich unterwegs bücke, Losung vom Boden aufhebe, sie zwischen den Fingern zerdrücke, unter die Nase halte und ihre Ausdünstung inhaliere. So etwas ist erklärungsbedürftig, keiner aus der Gruppe wäre je auf diese Idee gekommen, mir aber liefert die Losung wichtige Informationen. Sie gibt mir Aufschluss darüber, welche Tiere sich gerade wo aufhalten und wovon sich bestimmte Arten zu bestimmten Zeiten ernähren, sie stimuliert geradezu meinen Entdeckerinstinkt.

So ergab meine Untersuchung von Fuchslosung im letzten Sommer etwa, dass dieses Tier in den vergangenen Tagen praktisch ausschließlich von wilden Kirschen gelebt hatte. Seine Losung war weinrot – und verströmte den süßlichen Geruch einer ganzen Tüte Em-eukal! »Kommt her«, hab ich gesagt, »schnuppert mal«, und am Anfang haben sich alle geziert, aber am Ende sind die meisten doch hergegangen und haben geschnuppert und waren perplex – Fuchslosung kann tatsächlich wie diese roten Bonbons aus der Apotheke riechen! Mal ganz abgesehen von der zusätzlichen Erkenntnis, dass ein Beutegreifer wie der Fuchs gelegentlich zum reinen Vegetarier wird und mit Vergnügen ein paar Obsttage einlegt. Die allermeisten Menschen würden diese Erfahrung niemals machen, weil bei ihnen der Ekel über die Neugier siegt. (Stimmt, es gibt auch den Fuchsbandwurm. Aber den kann man sich durch Riechen an frischem Kot unmöglich einfangen.)

Etwas vorsichtiger wäre ich allerdings mit der frischen Losung eines Luchses, der kurz zuvor ein Reh gerissen hat. Die nehme ich zwar in die Hand, beschnuppere sie aber nur von Weitem, denn dieser Geruch hat es in sich. Luchslosung riecht nach Raubtierhaus im Zoo, viel schärfer jedenfalls als Rothirschlosung, die eher nach Pferdedung mit einer leichten Beigabe von Wild riecht, und damit genug zu diesem Thema. Den eigenen Ekel unterdrücken, am besten gar keinen empfinden, damit jedenfalls geht für mich die Anbahnung freundschaftlicher Beziehungen zur Tierwelt los. Und das Nächste wäre: Keine Vorurteile haben – und sich mit moralischen Urteilen ganz zurückhalten.

Ich weiß, wovon ich spreche. Was habe ich nicht schon an Vorurteilen erlebt. Menschen, die aus Tierliebe den Fuchs, den Habicht, den Luchs verfluchen, weil sie Mitleid mit den armen Beutetieren haben. Keiner soll den anderen fressen! Stiehlt sie Eier, ist die Elster böse, raubt sie Nester aus, ist die Krähe schrecklich, und überhaupt – dieses Tier mag ich und jenes nicht, dieses finde ich süß, aber jenes macht mir Angst ... Nein, so wird das nie klappen, bei keinem Tier.

Wer an Tiere voreingenommen herangeht, für den wird sich ihre Welt nicht öffnen. Es gibt Menschen, die halten sich zugute, dass sie wählerisch sind – schön, das mag in der Konsumwelt von Vorteil sein. In der Welt der Tiere aber kommt diese Einstellung richtigerweise als Befangenheit rüber, sie wird sich in der Begegnung als Ängstlichkeit, Schreckhaftigkeit und Nervosität äußern, und kein frei lebendes Tier wird einem solchen Menschen über den Weg trauen. Wer innerlich nicht völlig ruhig und vollkommen entspannt ist, wird Wildtiere immer nur von Weitem sehen.

Also keine Vorurteile. Auch keine Vorlieben und Abneigungen. Für mich jedenfalls ist jedes Tier dort draußen gleich viel wert. Jedes Geschöpf empfinde ich als Geschenk, und zum Laubfrosch bin ich genauso freundlich wie zur

Schnecke. Ob Blaumeise, Kreuzotter oder Rothirsch, alle zusammen bilden die Schöpfung, und alle verdienen es, gleichermaßen geschätzt, bewundert und geliebt zu werden. Ich mache mich deswegen auch nie auf den Weg in der Absicht, ein bestimmtes Tier zu fotografieren. Ich habe keine Favoriten, ich nehme dankbar an, was kommt, und über fünfzig gelungene Bilder eines Dompfaffs freue ich mich nicht weniger als über fünfzig gelungene Bilder von röhrenden Hirschen. Natürlich schlägt mein Herz bei seltenen Begegnungen höher, doch wenn mich zwanzig hungrige Kohlmeisen umflattern, bekommen sie ihre Erdnussbröckchen auch dann, wenn ich eigentlich gerade zwei kämpfende Rehböcke fotografieren möchte. Und schon gar nicht werde ich Tiere verurteilen, weil sie andere Tiere jagen und töten.

Lassen wir doch bitte unsere Moral zu Hause. Tiere haben andere Sorgen. Wenn ein Luchs kein Reh mehr fressen dürfte, würde er verhungern. Wollen wir den Überlebenswillen eines Tiers kritisieren? Und niemand soll glauben, diese Welt dort draußen, die Welt der Tiere, sei erbarmungsloser als die von uns geschaffene Zivilisation. Keine Tierart rottet eine andere aus, und eher als den Instinkt eines Tiers würde ich die Intelligenz des Menschen infrage stellen und seine Maßlosigkeit anstößig finden. Im Übrigen verteilen Menschen ihre Sympathien und Antipathien oft genug aus purer Unwissenheit.

Ja, Elstern vergreifen sich schon mal an Amselnestern und lassen Küken mitgehen. Wir strafen sie dafür mit Abneigung, sind aber von jedem Eichhörnchen entzückt, obwohl auch Eichhörnchen beileibe keine Vegetarier sind. In Wirklichkeit rauben sie genauso oft Nester aus wie Elstern oder Eichelhäher, fressen sie genauso viele Küken – weil sie aber putzig sind, finden wir solche Unarten verzeihlich. Elstern sind nicht ganz so putzig, und schon werden sie als Nesträuber beschimpft; womöglich aber plündert eine

Rabenkrähe gerade das Nest der Elster, während diese das Amselnest heimsucht, und so dürfte das Hände-über-dem-Kopf-Zusammenschlagen gar kein Ende nehmen. Dazu fällt mir eine kleine Geschichte ein.

Ich kannte einen Mann, einen außerordentlich tierlieben Menschen, der nahm sich tatsächlich einen Stuhl, setzte sich unter einen Baum mit einem Amselnest und bewachte dieses Nest von Sonnenaufgang bis zum Einbruch der Nacht, um Schaden von den Amselküken abzuwenden. So etwas würde einem Woid Woife nicht im Traum einfallen. Sehe ich ein Eichhörnchen, eine Elster oder wen auch immer damit beschäftigt, ein Vogelnest auszurauben, werde ich mit Sicherheit nicht Schicksal spielen und eingreifen. Ich bin nicht dazu da, meine Vorstellung von Moral im Bereich der Natur durchzusetzen. Dazu hätte ich auch gar kein Recht, bei allem, was die Menschheit auf dem Kerbholz hat.

So, eine kurze Besinnungspause. In diesem Buch soll es ja darum gehen, wie Tier und Mensch zusammenkommen können. Nicht nur, aber auch. Die Frage dabei ist: Wer geht bei diesem Annäherungsversuch eigentlich auf wen zu? – und nach den ersten Kapiteln ahnt man: Die Tiere werden nicht den ersten Schritt tun. Wir sind es, die sich auf ihr Gebiet vorwagen, ich, der Woid Woife, und ihr, meine Leser und Leserinnen. Uns treibt die Neugier, nicht sie. Folglich müssen wir uns auf sie einlassen, nicht umgekehrt.

Deshalb sollte man einiges über Verhalten und Sprache der Tiere wissen, und in den Kapiteln über Kreuzotter und Fuchs ist auch schon manches darüber gesagt worden. Aber dieses Wissen allein reicht nicht. Wir müssen uns außerdem klarmachen, was wilde Tiere von uns erwarten. Das ist nicht wenig. Das verlangt von uns einiges an Umstellung. Aber nur, wenn wir auf sie zugehen, werden wir vielleicht, mit ganz viel Glück, erleben, dass sie auf uns zukommen. So läuft das in der Natur.

Mäusebussard bei der Jagd, mit bereits geöffneten Fängen

Einem Eichelhäher ganz nah ins blaue Auge geblickt

Elster mit dem Schwanz einer Blindschleiche als Beute

Mäusebussard bei der Ansitzjagd. Seinem Auge entgeht nichts.

Der Mäusebussard nimmt auch gerne Aas an.
Hier eine verendete Rabenkrähe.

Eichelhäher besuchen mich im Winterwald.

Einer Kreuzotter ganz nahe ins Vipernauge geblickt

Bei der Umsiedlung einer Kreuzotter. Nicht nachmachen!

Dieser Feldhase hat auch beim Fressen alles im Blick.

Seltener Anblick: Reh schwimmt über den Fluss.

Rehböcke im Bast messen ihre Kräfte.

Rehe kommen zum Trinken an einen Biberteich.

Familienglück: Rehkitz beim Säugen

Momente, wie sie nur die Natur schenken kann:

Ricke (Geiß) mit Kitzen in einer Schlangenknöterich-Wiese

Rothirsch-Kuh an einem Spätsommertag

Platzhirsch. Laut röhrend bekräftigt dieser Vierzehnender-Rothirsch-Bulle seine Position.

Mittendrin. Ein Kahlwildrudel
(weibliches und junges Rotwild) zieht an mir vorbei.

Soziales Rotwild. Wie bei Pferden zeigt dieses
»Knabbern« Vertrauen und Zusammengehörigkeit.

Rotfuchs beim Sonnenbad. Minutenlang sahen wir uns an.

Auge in Auge aus einem halben Meter Entfernung

Kommunikation mit den wilden Tieren. „Selfie“ mit Fuchs.

ohngemeinschaft. Dachs und Fuchs teilen sich manchmal den gleichen Bau.

Dieser junge Fuchs interessiert sich für meine Kamera.

Und mit Unbefangenheit ist schon viel gewonnen. Den Ekel nicht als Errungenschaft betrachten. Uns von Vorlieben und Abneigungen befreien. Auf moralische Urteile vollkommen verzichten – das wäre ein Anfang. Aber wartet ab, da kommt noch mehr.

6
Verwirrung stiften

Der Franzose Baptiste Morizot erzählt in seinem Buch *Philosophie der Wildnis* eine Hammer-Geschichte: Ein Wildhüter wird in einem nordamerikanischen Nationalpark von drei Grizzlys überrascht (oder sie von ihm). Sie laufen auf ihn zu, richten sich zehn Meter vor ihm zu voller Größe auf, fauchen, fletschen die Zähne, und normalerweise könnte der Wildhüter jetzt sein Testament machen. Aber er überlebt. Statt sein Heil in der nächsten Baumkrone zu suchen, versucht er es mit einer Strategie, die ihm wohl in diesem Moment erst in den Sinn kommt: Er fängt an, die Bärenverordnung des Nationalparks mit monotoner Stimme vorzutragen, so wie er sie im Kopf hat, weicht dann langsam zurück, wobei er immerzu weiterredet, und schafft es so tatsächlich bis zur nächsten Schutzhütte.

Das Staunenswerteste an dieser Geschichte ist für mich die Unerschütterlichkeit des Wildhüters. In dieser Situation die Nerven zu behalten, einen klaren Gedanken zu fassen und die ganze Aktion sauber durchzuziehen – dazu gehört schon was. Ich weiß nicht, was der Mann anschließend gemacht hat, nachdem sich seine Aufregung halbwegs gelegt hatte, aber wahrscheinlich hat er sich als Erstes übergeben. Das große Zittern kommt immer hinterher.

Was mich weniger wundert, ist die Reaktion der Grizzlys. Aber warum haben sie den Mann verschont? Es war ein

Weibchen mit zwei Jungtieren gewesen, und eine Grizzlymutter versteht keinen Spaß, die war mit Sicherheit richtig verärgert – wieso also hat sie sich von einem Paragrafen herunterbetenden Menschen den Schneid abkaufen lassen?

An der Bärenverordnung hat es nicht gelegen. Aber wenn ich mal von meiner eigenen Erfahrung ausgehe ... Ein Rothirsch ist kein Grizzly. Dennoch ist auch ein Rothirsch auf dem Höhepunkt der Brunft nicht ohne. Wenn ein solches Tier, vor Testosteron strotzend, aufgewühlt und kampferprobt, mit gesenktem Kopf auf einen Menschen zugeht, kann das übel ausgehen. Ich war in dieser Situation. Ich habe erlebt, wie ein brunftiger Rothirsch auf mich zukam, brüllend, keineswegs zu Scherzen aufgelegt – und kurz vor mir stehen blieb, sein Gebrüll einstellte, minutenlang stumm verharrte und dann offensichtlich konsterniert, gewissermaßen kopfschüttelnd abzog.

Ja, kein Wunder. Ihm war etwas passiert, das in der Natur nicht vorkommt. Ein so großes Tier wie der Rothirsch bekommt nämlich stets eine Reaktion, wo immer er auftaucht, von jedem Tier, egal, welches es ist. Er ist der König der Wälder, er findet grundsätzlich Beachtung, da gibt es kein Säugetier, das ihn übersieht und übergeht. Ein Rehbock würde weiträumig ausweichen, und auch ein Luchs möchte ihm nicht begegnen. Dass jemand ungerührt sitzen bleibt, wie es der Woid Woife getan hat, und überhaupt keine Reaktion zeigt, hat dieser Hirsch noch nie erlebt. Das hat ihn schlicht aus der Fassung gebracht. Da ist er starr vor Staunen ratlos abgetreten.

Und nun erst recht ein Grizzly. Wenn einer Reaktionen hervorruft, dann er – einer, der in der Tierwelt noch weit über dem Rothirsch rangiert. Feinde hat er nicht, wohl aber kennt er einen Störenfried, den Menschen, und von dieser Sorte hat er noch keinen erlebt, der bei seinem Anblick nicht den Kopf verloren und in panischem Schrecken die Flucht ergriffen hätte. Dass einer stehen bleibt, mit monotoner Stimme auf sie einredet und sich dann ohne Hast, ohne Anzeichen von Panik zurückzieht, das ist dieser Bärin in ihrem ganzen Grizzlyleben noch nicht passiert. Was sollte sie davon halten? Sie weiß, wie ein Beutetier in dieser Situation reagieren würde. Sie weiß, wie ein Angreifer reagieren würde. Aber dieser Mensch dort scheint weder das eine noch das andere zu sein, und wie er so dasteht, anscheinend unbeeindruckt, könnte er mehr draufhaben als gedacht – die Irritation ist perfekt, und diese Zeit der Unentschlossenheit hat der Waldhüter für seinen Rückzug genutzt. Wahrscheinlich haben die drei Bären bis zum Schluss nicht begriffen, was vorgegangen ist, jedenfalls wollten sie das Risiko eines Angriffs nicht eingehen.

Ich bin noch nie einem Bären in freier Wildbahn begegnet. Offen gesagt, träume ich davon. Auch in Europa haben wir Bären, in den Karpaten zum Beispiel und auf dem Balkan, und so ungern ich Bodenmais für längere Zeit verlasse – für die Begegnung mit einem Bären würde ich eine Fernreise auf mich nehmen. Ob ich dann im entscheidenden Augenblick das Richtige tun würde? Ganz sicher kann man nie sein, aber eigentlich habe ich meine Lektion gelernt, eigentlich verhalte ich mich grundsätzlich jedem Tier gegenüber so, wie es dieser Wildhüter zu seinem Glück auch getan hat: Ich bringe es aus der Fassung. Ich sorge dafür, dass es mich nicht einordnen kann. Ich verwandele mich sozusagen in etwas undefinierbares Drittes – nicht Beute und nicht Aggressor, kein Tier, aber auch nichts, was ein Tier in seiner Vorstellung mit einem Menschen verbindet. Meine Strategie beruht auf Verwirrung. Und so verrückt es klingt: Was diese Verwirrung erzeugt, ist meine völlige Aufrichtigkeit.

Ich habe nichts zu verbergen. Deswegen schleiche ich dort draußen nicht herum. Ich gehe nicht in Deckung, ich versteckе mich nicht. Ich lauere Tieren nicht auf, ich will sie nicht überraschen. Ich möchte nicht in den Verdacht kommen, ein Eindringling zu sein. Nein, keine Heimlichtuerei. Kein Verhalten, wie es Beutegreifer an sich haben, die aus dem Hinterhalt kommen. Und auch kein Tarnzelt!

Denn in einem Tarnzelt versteckt man sich. Ein Tarnzelt bedeutet: Ich tue so, als wäre ich nicht da. Als müsste man mich aus irgendeinem Grund fürchten. Verstecken, anschleichen und tarnen sind ja Verhaltensweisen von Lebewesen mit finsteren Absichten; kein Tier soll mich damit verwechseln. Und außerdem: Wenn ich aus einem Tarnzelt heraus fotografiere, sehen mich die Tiere nicht an. Natürlich kommt man auf diese Weise zu tollen Fotos, aber die Tiere wirken auf solchen Bildern unbeteiligt, wie Staffage, selbst dann, wenn sie zufällig in Richtung Kamera gucken. Ich aber möchte ihnen in die Augen schauen. Ich möchte diesen konzentrierten Blick von hoher Intensität auffangen. Mir liegt auch deshalb an dem Moment der persönlichen Begegnung, weil der Blick eines Tiers dann einen Gemütszustand ausdrückt und vielleicht sogar eine Botschaft an mich enthält. Meine Fotos lassen jedenfalls keinen Zweifel daran, dass sich in dieser Zeitspanne auch im Tier etwas abspielt.

Und deshalb zeige ich mich. Ich täusche nichts vor, ich möchte von allen gesehen werden. Und es funktioniert – dass ich mitten auf einem Brunftplatz in der Wiese liege und einfach da bin, als wäre es eine Selbstverständlichkeit, ist für Tiere nach zehn Minuten schon überhaupt kein Problem mehr. Sie sagen sich: Dieser Typ tut nichts, der läuft uns nicht nach, der will uns nichts, der geht uns nichts an, den ignorieren wir – und so folgt auf die Verblüffung des ersten Moments entspannte Gleichgültigkeit.

Selbst bei einem brunftenden Rothirsch – und damit komme ich noch einmal auf die Unerschrockenheit zurück. Natürlich muss ich in unseren Wäldern – wenn man von

Grizzlys absieht – auf alles gefasst sein, auf kämpfende Keiler ebenso wie auf testosterongeschwängerte Hirsche. Nichts darf mich dann aus der Ruhe bringen. Ein schreckhafter Mensch ist in der Tierwelt sowieso gleich unten durch. Womöglich aber bringt er sich damit auch in Gefahr, denn Angst teilt sich Tieren augenblicklich mit und löst dann zumindest Unbehagen, unter Umständen sogar Aggression aus. Umgekehrt überträgt sich natürlich auch Unerschrockenheit, und damit kommt man, wie die Geschichte des Wildhüters zeigt, in der Natur schon ziemlich weit – entweder flößt sie Vertrauen ein, oder sie bewirkt jene Fassungslosigkeit, die selbst einen Grizzly ins Grübeln bringt. Da ich keine Bärengeschichte auftischen kann, will ich zum Thema Unerschütterlichkeit abschließend eine Rothirschgeschichte erzählen.

Es ist der 30. September. Die Hochbrunft neigt sich ihrem Ende zu, vorbei ist sie damit aber noch nicht. Hat jeder Platzhirsch erst seinen Harem zusammen, werden die Bullen ruhiger und treten nur noch frühmorgens oder spätabends aus dem Wald ins Freie hinaus, doch so weit sind wir noch nicht. Ein bisschen leiser ist es immerhin schon geworden.

Wie so oft betrete ich am helllichten Tag die Brunftarena mit einer gewissen freudigen Erwartung, die sich schon allein bei dem Gedanken einstellt, dass im Umkreis nach wie vor zahlreiche Bullen unterwegs sind. Der eine oder andere röhrt auch noch, aber nicht mehr so fürchterlich laut wie die Tage zuvor, und da die größte Aufregung vorüber ist, lasse ich mich mitten in der Arena auf einem Baumstumpf nieder. Das Gelände fällt leicht ab, nur hier und da behindern vereinzelte Bäume und Sträucher die Sicht, ansonsten ist alles bestens zu überblicken, und so lasse ich meine Augen in alle Richtungen wandern. Auf dem Höhepunkt der Brunft suche ich mir gewöhnlich einen umgestürzten Stamm, dessen Äste mich ein wenig abschirmen, wo ich deshalb am wenigsten störe, doch diesmal mache ich mich auf einen ruhigen Nachmittag gefasst, sitze einfach gut sichtbar da und beschränke mich einstweilen aufs Lauschen.

Hin und wieder ragt ein Geweih übers Gebüsch, Verkehr ist also noch. Dann überkommt mich mein üblicher, leicht abwesender Zustand, in dem ich das Denken sein lasse und nur noch vor mich hinstarre – bis mich irgendetwas aus meiner Betäubung aufschreckt. Nicht, dass ich in diesem Augenblick etwas Genaues gesehen oder gehört hätte, dennoch wende ich den Kopf, schaue nach rechts, und da steht er: ein großer Rothirschbulle, ein Zehnender, kaum zwanzig Meter entfernt, im goldenen Licht dieses Septembertags.

Ich habe völlig freie Sicht, greife zur Kamera, mache meine ersten Bilder und wundere mich nebenbei, dass diese Tiere es immer wieder schaffen, mit einem Mal wie aus dem Nichts aufzutauchen. Würde sich ein Mensch von siebzig Kilo Körpergewicht an mich heranpirschen, bekäme ich es mit, das wäre kaum zu überhören – ein Hirsch von zweihundert Kilo Gewicht aber nähert sich vollkommen geräuschlos. Was macht er überhaupt hier? Anscheinend hat er sich aus dem großen Spiel ausgeklinkt, jedenfalls reagiert er nicht mehr auf die vereinzelten Schreie seiner Mitbewerber. Hat er sein Ziel schon erreicht? Oder hat er bereits den einen oder anderen Kampf verloren und sein Vorhaben für dieses Jahr aufgegeben? Keine Ahnung.

Plötzlich dreht er sich zu mir um und schaut mich erhobenen Hauptes an. Unsere Blicke treffen sich, und nun setzt er sich gemächlich in Bewegung, geht durchs hohe Gras in gerader Linie auf mich zu und steht im nächsten Moment vor mir, keine vier Meter entfernt. Jetzt sollte ich besser nicht mehr mit der Kamera hantieren. Auf so kurze Distanz wirkt er riesig. Er röhrt nicht, er unternimmt auch nichts, was als Drohung oder als Zeichen seiner Verärgerung verstanden werden müsste, er schaut mich bloß an, aber alles an ihm strahlt Überlegenheit aus. Vorübergehend habe ich ein ungutes Gefühl, und die Musterung dauert an, dieser ernste Blick, der unverwandt auf dir ruht und vielleicht tiefer dringt, als dir lieb ist.

Was nun? Mit wenigen Schritten wäre er bei mir, und nirgendwo ein Baumstamm, der mir Schutz bieten könnte, ringsum nichts als freies Gelände. War ich zu leichtsinnig? Du wolltest es doch so, sage ich mir, du suchst doch diese Nähe ... und bleibe sitzen und rühre mich nicht. Da wendet er sich ab, macht ein paar Schritte nach rechts und geht dann gemächlich den Hang hinauf, mit den Gedanken offenbar schon wieder woanders, jedenfalls in keiner Weise beunruhigt. Ich kann ihm noch lange mit den Augen folgen und weiß daher: Mich würdigt er keines Blickes mehr.

Wirklich bedrohlich war diese Begegnung nicht gewesen, das musste ich mir im Nachhinein eingestehen. Aber eine außergewöhnliche Situation war es trotzdem. Wie oft hatte ich es schon mit brunftigen Hirschen zu tun bekommen, aber dass mich einer als bloße Dekoration betrachtet, war noch nie passiert. Immerhin hatte er sich für mich interessiert. Sehen wir lieber mal nach, wird er sich gedacht haben. Es fällt Hirschen eben leichter als anderen Tieren, ihrer Neugier freien Lauf zu lassen, vom Menschen abgesehen haben sie kaum Feinde, und ob ich überhaupt in diese Kategorie gehörte, diese Frage eben war zu klären gewesen. Zu welcher Überzeugung er dann bei näherer Betrachtung auch immer gekommen sein mag, das Ergebnis seiner Überprüfung muss zu meinen Gunsten ausgefallen sein: Na, kein Grund zur Aufregung, der Kerl ist harmlos, der geht mich nichts an, mit dem verschwende ich nur meine Zeit – und so zog er in majestätischer Haltung gemessenen Schrittes weiter.

Hinterher war es wie so manches Mal: Erst, als oben im Gebüsch von ihm nur noch Kopf und Geweih zu sehen waren, fiel die Spannung von mir ab, und der Herzschlag beruhigte sich. Für den Hirsch dürfte ich eine Randerscheinung gewesen sein, mich aber hatte diese Begegnung gepackt und aufgewühlt. Als ich daheim meiner Frau davon erzählte …

Nein, lassen wir das. Ehrlich gesagt: Sie kann das Wort Brunft schon nicht mehr hören, weil ich seit Jahren in diesen Septembertagen von nichts anderem rede. Ich verstehe, dass sie sich die Ohren zuhält, aber ich kann mich für die Hirschbrunft nun mal maßlos begeistern. Egal, und wo wir schon dabei sind … Warum nehmen wir uns nicht als Nächstes das Rotwild vor?

7
Imposante Riesenkerle in Aktion – der Rothirsch

Bis zu zwei Meter und zehn Zentimeter Körperlänge und eineinhalb Meter Schulterhöhe. Gewicht zwischen hundertfünfzig und zweihundert Kilogramm, in Ausnahmefällen auch zweihundertfünfzig Kilogramm, wovon sechs bis acht Kilogramm aufs Geweih entfallen, das in der Länge einen Meter und mehr messen kann – so würde der Steckbrief eines ausgewachsenen Rothirschbullen lauten. Diese Zahlen sagen es schon: Er ist das majestätischste Tier, das wir in Deutschland kennen. Auch König der Wälder wird er genannt, aber in diesem Titel mischt sich Bewunderung mit dem Eingeständnis menschlicher Rücksichtslosigkeit, denn zum König der Wälder hat der Mensch ihn erst gemacht. Dichte Wälder würde ein Rothirsch mit seinem riesigen Geweih eigentlich meiden – sperrig, wie es ist, verhakt man sich damit nur –, und tatsächlich war Rotwild ursprünglich auf freien Flächen zu Hause. Steppenlandschaften wären diesen Tieren am liebsten, dort könnten sie sich frei bewegen wie Antilopen in der Savanne, aber wir haben sie aus ihren angestammten Revieren verdrängt und in die Wälder verbannt. Eine der wenigen Ausnahmen in Deutschland bildet die Ostseelandschaft des Darß mit ihren weiten, offenen Flächen, wo Rotwild bis heute leben kann, wie es seiner Natur entspricht.

Dazu kommt, dass Rotwild bei uns nur auf wenigen Prozent der Staatsfläche geduldet wird, weil Hirsche als

Schädlinge verrufen sind. Für unsere Forstämter geht nämlich »Wald vor Wild«, und das heißt: Der Schutz der Bäume hat Vorrang, die Bedürfnisse von Tieren rangieren erst an zweiter Stelle. Diese Reihenfolge ergibt sich zwangsläufig, wenn man sich hauptsächlich von ökonomischen Interessen leiten lässt, aber auch zum »Schädling« ist der Hirsch erst durch den Menschen gemacht worden.

Werfen wir einen Blick in die Vergangenheit. Bei uns im Bayerischen Wald wie in den Alpen war es früher so, dass das Rotwild bis kurz nach der Brunft in den Wäldern blieb, dann aber die Wanderung ins Flachland antrat und in unserer Gegend bis in die Donauebene zog. Dieser Ortswechsel entspricht dem normalen Verhalten von Tieren, die verständlicherweise nicht so lange in den Bergen ausharren wollen, bis sich der Schnee zwei Meter hoch türmt.

Dann aber entstand in der Ebene eine Ortschaft nach der anderen, Schnellstraßen wurden angelegt, Autobahnen gebaut, und dort, wo einstmals Rotwild in großen Rudeln auch im Winter noch saftiges Gras fand, kommt heute kein Hirsch mehr durch. Er ist also gezwungen, auch die kalte Jahreszeit im Wald zu verbringen, und die logische Folge ist Verbiss. Um ihren Hunger zu stillen, bleibt den Tieren gar nichts anderes übrig – Eicheln, Kastanien, Fallobst, Pilze, Heidekräuter und Moos, alles, wonach ihnen eigentlich der Sinn steht, liegt unter einer Schneedecke begraben, und nur Baumrinde und die Triebe von jungen Bäumen und Sträuchern sind für sie jetzt noch erreichbar. Der Staatsforstverwaltung ist der Verbiss ein Dorn im Auge, zumal Tiere dieser Größe einen ordentlichen Appetit entwickeln, aber Hungerkünstler sind Rothirsche nun mal nicht. Sollte man sich in den Forstverwaltungen unter diesen Umständen nicht auf die Formel »Wald *und* Wild« verständigen?

Und nun ist es an der Zeit, einen unverwüstlichen Irrtum aufzuklären: Der Hirsch ist nicht der Mann vom Reh und das Reh nicht die Frau vom Hirsch. Richtig ist: Wenn's an die Paarung geht, halten sich Hirsche an Hirschkühe und Rehe an Rehböcke. Hirsche und Rehe sind nämlich unterschiedliche Arten und auch von der Mentalität her verschieden – man schaue sich nur einmal an, wie unterschiedlich ihre Bewegungsweise ist: Ein Rehbock ist immer auf dem Quivive, immer bereit, in heller Panik die Flucht zu ergreifen, ein Rothirsch hingegen bewegt sich stets majestätisch schreitend, erhobenen Hauptes, als käme er aus der Spanischen Hofreitschule – selbst wenn er flieht, wirkt er erhaben. Trotzdem steckt ein Körnchen Wahrheit in diesem Irrtum, denn von der Wissenschaft wird das Reh als Scheinhirsch bezeichnet – was nichts anderes heißt, als dass das Reh zwar kein Hirsch ist, wohl aber der Gattung Hirsch angehört. Halten wir also fest: Nur wo Hirsch draufsteht, ist auch Hirsch drin. Und wenn Hirsch draufsteht, haben wir es – im Unterschied zum Reh – mit einem geselligen Wesen zu tun.

Rotwild nämlich lebt in großen Rudeln. Genauer gesagt: Der ganze Rotwildbestand teilt sich in zwei Lager auf. Kühe, Kälber und Jungbullen ohne Geweih tun sich die längste Zeit des Jahres über zu sogenannten Kahlwildrudeln zusammen, wo sie strikt unter sich bleiben, und genauso halten es die Bullen. Sie bilden eine reine Männergesellschaft, unternehmen ihre gemeinsamen Streifzüge in Trupps von zehn bis fünfzig Exemplaren, und keiner trägt dem anderen nach, dass er bei der letzten Brunft vielleicht zu kurz gekommen ist. Erstaunlich, wenn man bedenkt, wie knüppelhart die Brunft ist – unsereins würde wahrscheinlich nachhaken –, aber Hirsche leben nach dem Motto: Brunft vorbei, Schwamm drüber! –, und ehemalige Rivalen leben nach kurzer Zeit schon wieder friedlich im selben Rudel zusammen.

Allerdings gibt es Einzelgänger unter den Bullen. Einige dieser Individualisten dulden einen weiteren Jungbullen bei sich, und ich habe schon Vierzehnender gesehen, denen im Abstand von einigen Metern ein Gabler oder ein Sechsender nachlief. Gleichwohl ist das Rudel das Markenzeichen des Rotwilds, und man scheint sich tatsächlich zusammengehörig zu fühlen; jedenfalls habe ich schon häufig beobachtet, dass es untereinander zu freundlichem Körperkontakt und absichtlichen Berührungen kommt. Bei Rehen ist das seltener zu beobachten, die sind etwas spröder.

Bei zwei Gelegenheiten allerdings lösen sich die Rudel auf. Dazu kommt es einmal Ende Mai, Anfang Juni, wenn die Kühe ihre Kälber bekommen; Rothirschkühe wollen dann mit sich allein sein und ihren Nachwuchs ungestört zur Welt bringen. In diesen Wochen sieht man deshalb häufig einzelne Hirschkühe umherschweifen, die ihr Neugeborenes an einem sicheren Ort abgelegt haben und das Kleine nur hin und wieder zum Säugen aufsuchen. Wenige Tage später aber schließt sich das Kalb schon seiner Mutter an, und dann kann man die beiden auf ihren gemeinsamen Gängen durch den Wald beobachten. Auch diese Phase ist bald vorüber, und nun, kaum dass sie aus dem Gröbsten raus sind, schließen sich alle wieder zum Rudel zusammen. In dieser Zeit kann man Bilder erleben, wie wir sie sonst nur von warmen Sonntagnachmittagen auf einem städtischen Spielplatz kennen, nämlich Mütter und spielende Kinder in großer Schar vereint.

Ähnliches geschieht mit den Bullenrudeln. Die bleiben bis zu den ersten kalten Nächten zusammen; dann aber, irgendwann im September, ist es so weit, da heißt es plötzlich nur noch: Jeder für sich, und wie auf einen Startschuss hin zerstreut sich die Gruppe, weil der Brunftplatz ruft und keiner das Großereignis des Jahres verpassen will. Ich natürlich auch nicht.

Und jedes Mal passiert mir derselbe Fehler. Jedes Mal treffe ich zu früh in der Brunftarena ein. Immer kommt es mir so vor, als würde die Brunft in diesem Jahr etwas früher als im letzten Jahr einsetzen, und noch immer hat mich meine Intuition getäuscht. Dabei sollte ich eigentlich wissen: Den Hauptdarstellern in diesem Spektakel ist meine Ungeduld fremd. Hirschbullen sind absolut pünktlich, die kommen weder zu früh noch zu spät, und deshalb bleibt es dabei: In unserer Gegend beginnt die Brunft am 20. September, die Hochbrunft dauert vom 24. bis zum 28., danach flaut die Aufregung allmählich ab, und Mitte Oktober spaltet sich die ganze Gesellschaft wieder nach Kühen und Bullen in die beschriebenen Rudel auf.

Die Pünktlichkeit der Bullen ist umso erstaunlicher, als viele von weit her kommen. Diese Einzelgänger, die da aus allen Himmelsrichtungen zusammenströmen, haben womöglich einhundertzwanzig Kilometer zurückgelegt, und die Hirsche, die ich beobachte, stammen zum Teil aus Böhmen, Österreich und Oberbayern. Sie müssen den Weg genau kennen, aber weshalb nehmen sie ihn auf sich? Was ist das Besondere an diesen Brunftplätzen, was zeichnet sie aus?

Zwei Eigenschaften sind es, die einen Ort für einen Hirschbullen als Brunftarena prädestinieren. Die eine ergibt sich ganz selbstverständlich aus dem Zweck dieser Veranstaltung: Es muss das ganze Jahr über genug weibliches Rotwild in der Umgebung leben, denn schließlich wird hier um nichts anderes als Hirschkühe gekämpft, und die Bullen scheinen diesbezüglich über genaue Informationen zu verfügen, sie wissen, wo es sich lohnt. Außerdem aber brauchen die Bullen eine Bühne, einen Ort, wo sie sich präsentieren können und gesehen werden, und deshalb kommen tiefe Wälder schon mal nicht infrage. Eine Brunftarena sollte nur einen lockeren Baumbestand haben, ideal aber sind Freiflächen mit wenig Buschwerk und allenfalls vereinzelten Bäumen, entweder von Wald umgeben oder aber am Rande von Wäldern. Haben sie einen solchen Platz gefunden, behalten sie ihn über lange Zeit als Treffpunkt bei; ich jedenfalls suche seit vielen Jahren immer dieselbe Brunftarena auf und stehe dort nie als Einziger herum.

Und dann geht es los. Anfangs ertönen vereinzelte Schreie, noch wird nur hier und da geröhrt, doch dann steigert sich die Brunft, das Gebrüll nimmt zu, die Geräuschkulisse lässt schon die Menge der Bullen erahnen, und jetzt wollen sie es wissen. Die ersten Platzhirsche trauen sich aus der Deckung ins Freie, gefolgt von anderen, die sich nicht weniger imponierend finden, die Konkurrenz wird von Tag zu Tag größer, und nun heißt es, Präsenz zu zeigen und Aufmerksamkeit zu erregen – die Gefahr, dass andere einem die Show stehlen, ist einfach zu groß. Außerdem will man sich seine Rivalen ja aus der Nähe ansehen, und damit ist der Augenblick der Wahrheit gekommen, denn jetzt kann sich jeder seine Chancen ausrechnen und überlegen, welchen Gegner er sich zutraut und welchem er tunlichst aus dem Weg geht. Es sind ja immer jüngere Hirsche dabei, unerfahrene, die darauf spekulieren, dieses Jahr endlich auch mal was zu sagen zu haben, aber den meisten dürfte rasch klar werden, dass man als Sechs- oder Achtender letztlich doch zum Zuschauen verurteilt ist. Solchen Anfängern bleibt bis auf Weiteres nichts anderes übrig, als die hartgesottenen, hochdekorierten Champions zu bewundern.

Die Kämpfe selbst fallen beim Rotwild schon ziemlich heftig aus, aber bis es überhaupt dazu kommt, müssen zwei Vorstufen durchlaufen werden. Das Ritual der Brunft sieht vor, dass man sich zunächst präsentiert und miteinander vergleicht. Gibt der Rivale danach nicht freiwillig klein bei, wird eins draufgesetzt, und es kommt zum sogenannten Parallelmarsch. Dabei laufen die beiden Kontrahenten eine gewisse Strecke nebeneinanderher, Seite an Seite, während sie sich in die Augen schauen wie Boxer, die einander zum Auftakt des Kampfes mit den Blicken niederzuringen versuchen. Erst wenn sich auch auf diese Weise keiner von beiden beeindrucken lässt, wird die dritte und letzte Stufe gezündet. Dann geht's in den eigentlichen Kampf, der zwar verbissen und ungestüm geführt wird, in aller Regel aber nicht blutig endet.

Kleinere Verletzungen sind trotzdem an der Tagesordnung, und ich besitze eine Menge Bilder von Hirschen mit verstümmelten oder halb abgerissenen Ohren. Es ist ja mancher darunter, der zahlreiche Kämpfe auf dem Buckel hat, und wild geht es in diesen Tagen schon her – wie wild, das ist mir einmal, bei einer ganz seltenen Gelegenheit, durch die Begegnung mit einem Hirschkalb bewusst geworden. Ich will diese Geschichte hier erzählen, als eine von zwei Begebenheiten, die sich auf dem Höhepunkt der Brunft ereignet haben.

Ich bin mit Kamera und Rucksack unterwegs zur Brunftarena und nehme meinen üblichen Weg, als ich kurz vor dem Ziel, noch im Schutz des Waldes, vor mir auf dem Pfad ein Hirschkalb sehe. Als Zaungast der Brunft steht es dort wie angewurzelt, macht den Hals lang und ist von dem, was sich da vorne tut, so eingeschüchtert, so erschüttert, dass es mich gar nicht bemerkt. Die Urgewalt, mit der zwei Hirsche aufeinanderprallen, fährt einem schon als Mensch in die Glieder, und diesem Kleinen geht es jetzt gerade nicht anders. Im letzten Juni geboren, erlebt es dieses Getümmel zum ersten Mal, hört Furcht einflößendes Gebrüll, wird Zeuge dramatischer Kämpfe, schaut wie gebannt auf diese ungeheuerlichen Vorgänge da draußen und hat in diesem Moment keine Augen für irgendetwas anderes. Das ist nicht mehr der Wald, den es kennt. Wer sind diese imposanten Riesenkerle überhaupt? Wo kommen sie plötzlich her? Und wohin ist eigentlich seine Mutter verschwunden? Mit einem dieser Wüstlinge auf und davon? Nein, es versteht die Welt nicht mehr.

Da knackt es im Gehen unter meinem Schuh. Als würde es aus einer Trance erwachen, blickt sich das Kalb nach mir um, und als hätte es nicht gerade einen Menschen gesehen, wendet es seinen Blick gleich wieder der Brunftarena zu. Doch dann besinnt es sich – *Was* war das da gerade? –, schaut wieder zu mir herüber, zögert immer noch und beschließt dann endlich doch, sich vom Schauspiel der Brunft loszureißen und die Flucht zu ergreifen.

Man sieht: Die Brunft ist nicht nur für den Menschen ein fremdartiges Spektakel, auch für ein Hirschkalb stellt zumindest die erste Brunft ein einschneidendes Erlebnis dar. Ansonsten ist die Tierwelt, was die Brunft angeht, durchaus geteilter Meinung. Rehe zum Beispiel können gar nichts damit anfangen. Hirsche sind ihnen sowieso nicht geheuer, aber sobald die Brunft losgeht, ziehen sie sich vorsichtshalber ganz aus dem Brunftgebiet zurück. Vögeln hingegen ist die Brunft vollkommen schnuppe, und auch Schwarzwild nimmt keine Notiz von dem, was diese Hirsche da treiben. (Genauso allerdings kratzt es einen Hirsch wenig, dass sich eine Bache drohend vor ihm aufbaut, damit sich ihre Frischlinge in Sicherheit bringen können. Einer wie er kennt keine Furcht, und so übersieht er die Bache geflissentlich.)

Was aber mich angeht … Ich kann nicht widerstehen. Mich packt alljährlich das Brunftfieber, sobald die Zeit gekommen ist. Und als ich am 24. September des Jahres 2020 mit eingeklemmtem Nerv und höllischen Schmerzen im Krankenhaus lag, erwiderte ich auf die Frage des Arztes nach meinem Befinden: »Gut.« Das war gelogen. Ich war vollgepumpt mit Schmerzmitteln, trotzdem ging es mir keineswegs gut, aber ich wollte unbedingt raus, ich musste in den Wald, und so wurde ich vormittags entlassen, fuhr nach Hause, packte meinen Rucksack und machte mich auf den Weg.

Kaum hatte ich den Wagen abgestellt, meldete sich der Schmerz zurück. Es war mir egal. Nichts würde mich aufhalten können. Ich kämpfte mich zum Brunftplatz vor, schaltete sogar noch einen Gang höher und verfiel (für meine Verhältnisse) in leichten Trab, aus Furcht, große, unwiederbringliche Ereignisse zu verpassen, und wirklich – die unsinnige Eile hatte sich gelohnt.

In meinem Zustand war an Sitzen nicht zu denken, deshalb legte ich mich neben einem Baumstumpf nieder, bettete den Kopf auf meinen Rucksack, und kaum war das geschafft, hörte ich lautes Knacken. Bäume bogen sich auseinander, und polternd brach ein Hirsch aus dem Wald, blieb schwer atmend mit heraushängender Zunge stehen und verschnaufte keine zehn Meter von mir entfernt. Das Unglaublichste aber: Ich lag goldrichtig! Ich hatte freie Sicht auf diesen Burschen, der mir ein ziemlich junger Zehnender zu sein schien und offenbar restlos bedient war, mit der Brunft jedenfalls nichts mehr zu tun haben wollte. Aber warum hatte er's so eilig? Was hatte er Schreckliches gesehen?

Die Antwort ließ nicht lange auf sich warten. Ein Röhren ertönte, das mir durch Mark und Bein ging, und gleich darauf hatte ein gewaltiger Zwölfender seinen Auftritt. Brüllend kam er aus dem Wald, lautstark röhrend setzte er seinen Weg auf freiem Gelände fort, und mir wurde klar, weshalb der junge Bulle von eben dermaßen außer sich gewesen war – er hatte jeden Zwischenfall mit diesem hier um alles in der Welt vermeiden wollen.

Nach einer Stunde aber ging es einfach nicht mehr. Üblicherweise bleibe ich so lange, bis die Abenddämmerung das Fotografieren unmöglich macht, und acht, neun Stunden auf Posten ist für mich gar kein Problem. Jetzt aber ertrug ich den Schmerz im Rücken nicht länger, also Rückzug, nach Hause, ab ins Bett – da sah ich beim Aufstehen, wie dieser Zwölfender weiter unten auf einen Vierzehnender traf. Es folgte das Knallen von Geweihstangen, die aufeinanderprallten, und in besseren Zeiten wäre ich nicht mehr zu halten gewesen, unverzüglich hätte ich mich an den Ort des Geschehens begeben, aber … Wenn ich stattdessen so rasch es eben ging zu meinem Auto zurücklief, kann man sich vielleicht vorstellen, wie unerträglich die Schmerzen an diesem Tag gewesen sein müssen.

8
Vögel ticken anders

Wo bleiben die Vögel? Hier kommen sie. Natürlich gehören sie unbedingt in dieses Buch hinein, schon wegen ihrer ausgeprägten Intelligenz. Darf man bei ihnen auch Gefühle erwarten? Wir werden sehen. Gleich in diesem Kapitel werde ich darauf eingehen und später noch zwei Arten detailliert beschreiben, nämlich Greifvögel und Rabenvögel. Vögel sind jedenfalls ein sehr spannendes Thema.

Ganz allgemein lässt sich sagen: Vögel machen es dem Beobachter leicht, bringen aber jeden zur Verzweiflung, der es auf Begegnungen abgesehen hat. Sie sind ungemein zahlreich und eigentlich allgegenwärtig, sie zeigen sich klar und deutlich im offenen Luftraum – am Himmel kann man sich eben schlecht verstecken –, sie lassen sich im eigenen Garten sogar aus der Nähe betrachten, und trotzdem: Der Versuch, mit ihnen Kontakt aufzunehmen, erscheint aussichtslos, von einer vertraulichen Zwiesprache ganz zu schweigen. Denn Vögel sind scheu, schnell und flüchtig, sie können nach allen Seiten hin entschwinden und entziehen sich im Schutz belaubter Bäume den Blicken vollends. Darüber hinaus scheint sie alles, was am Boden passiert, wenig zu kümmern, ob es sich nun um Menschen oder Tiere handelt, es sei denn, dass Frosch, Maus oder Hasenjunges ins Beuteschema passen. Tiere sind anders, aber Vögel sind noch mehr anders.

Und außerdem schwer zu fotografieren. Ich habe trotzdem Tausende von Vogelbildern geschossen, muss aber zugeben, dass es sehr hilfreich ist, Genaues über die jeweilige Vogelart zu wissen. Und da Wissen und Erfahrung auch in allen anderen Fällen die Chancen für Begegnungen verbessern, will ich das Thema hier einmal von Anfang an aufrollen.

Wo lohnt es sich überhaupt, nach Tieren zu suchen? Es gibt ja Wälder, in denen es aller Voraussicht nach gar nichts zu sehen gibt. Deshalb gehe ich nie auf gut Glück in irgendeinen Wald, sondern prüfe erst mal: Handelt es sich um einen Wald, den man eher als Plantage bezeichnen müsste, eine düstere Fichtenmonokultur womöglich, wo der nackte Boden mit Nadeln übersät ist? Dann weiß ich, hier ist es ziemlich tot, hier werde ich höchstens Eichhörnchen sehen. Oder habe ich einen lichten Wald mit ausreichend Totholz vor mir, mit Himbeer-, Brombeer- und Heidelbeersträuchern, mit Buchen und diversen anderen Laubbäumen? Dann kann ich sicher sein, da ist Leben drin, da rentiert es sich für mich, und wenn ich einen Auerhahn mit der Kamera erwischen will, entferne ich mich nicht allzu weit von den Heidelbeerbüschen.

Nun sind Auerhühner zwar seltene, aber große Tiere und kaum zu übersehen. Kleinere Vögel machen es einem im Wald schon schwerer. In diesem Fall ist viel gewonnen, wenn man die Art anhand des Gesangs identifizieren kann, denn dann weiß man auch ungefähr, wo dieser oder jener Vogel zu finden sein müsste. Singt da zum Beispiel ein Zaunkönig, brauche ich erst gar nicht die Baumkronen abzusuchen, denn der bevorzugt die niedrige Warte, den wird man im Wald eher auf einem Reisighaufen und im Dorf eben auf dem Zaun entdecken. Höre ich hingegen einen Kernbeißer, dann heißt es: Kopf in den Nacken, denn der singt ziemlich weit oben. Mit wachsender Erfahrung erspäht man einen Vogel also immer schneller – und lernt auch, die scheuen von den weniger scheuen Arten zu unterscheiden.

Zaunkönig und Rotkehlchen etwa haben eine relativ robuste Mentalität, denen kann man sich, wenn man's richtig anstellt, bis auf drei Meter nähern. Über eine Kohlmeise aber, die man aus jedem Garten kennt, kann man sich draußen im Wald nur wundern, denn dort will sie gar nichts mit Menschen zu tun haben. Tannenmeisen wiederum sind regelrechte Draufgänger. Wenn's irgendwo was zu holen gibt, ist dieser winzige Kerl sofort zur Stelle, und mit der Zeit kennt er dich, kommt näher und näher und pfeift dich ungeniert herausfordernd an – mir fliegen die Tannenmeisen sogar auf die Hand. Kleiber und Dompfaff hingegen zeigen sich in der Balzzeit alles andere als kamerascheu, sind aber mit Beginn der Brutzeit vollkommen von der Bühne verschwunden, man würde sich die Augen nach ihnen ausgucken.

Es ist schon verrückt. Die Welt der Vögel ist ja enorm artenreich, sie teilt sich viel stärker auf als die der Säugetiere, aber wirklich jede Art besitzt ihren eigenen, ausgeprägten Charakter. So hat der Naturfreund zum Beispiel ausgesprochenes Pech, wenn er an einen Eichelhäher gerät. Sobald der zu ratschen anfängt, ist der ganze Wald gewarnt, und wenn er zehnmal hintereinander schreit, darf man sicher sein: Hier kommt so bald kein Tier mehr vorbei. Der Eichelhäher verpfeift jeden, der seiner Meinung nach nicht in den Wald gehört, auch mich. Manchmal liege ich im Gras, und vor mir äsen in kurzer Entfernung Rehe – sie sehen mich nicht, sie riechen mich nicht, aber plötzlich machen sie sich geschlossen aus dem Staub ... Ja, dann hat's mir wieder mal der Eichelhäher vermasselt.

Bei uns im Bayerischen Wald macht sich außerdem der Einfluss von Wetter und Jahreszeit bemerkbar. Hier in Bodenmais haben wir im Winter eineinhalb Meter Schnee; auf elfhundert Metern Höhe wurden 2018 sogar zweieinhalb Meter gemessen. Dem Auerhahn gefällt das, deshalb haben wir hier einen wunderbaren Bestand an diesen Vögeln, aber niemals würde man hier oben einen Fasan sehen, was in Bad Kötzting, dreihundert Meter tiefer gelegen, durchaus möglich ist.

Was mich angeht, mir ist das Wetter egal. Ich nehme es, wie's kommt. Allerdings bin ich eher Auerhahn als Fasan, im Sommer wird's mir leicht zu heiß, die Kälte ist mir lieber, deshalb gehe ich im Hochsommer seltener raus – und habe dabei das gute Gefühl, nicht viel zu versäumen, weil die Tiere den Hochsommer ebenfalls aussparen. Kein Vogel ist so töricht, in der Mittagshitze herumzuflattern, er singt nicht einmal, und die Rehe warten genauso irgendwo im Schatten den Abend ab wie die Hirsche. Sobald aber die Hitze nachlässt, geht das Leben im Wald weiter, und in der kalten Jahreszeit ist im Wald erst recht viel los. Klar, an richtig eiskalten Tagen macht es auch Eichhörnchen und Rehen keinen Spaß, aber den Vögeln ist die Kälte egal – im Dezember hört man oft schon die ersten Buntspechte trommeln, die ersten Kleiber singen bereits im Januar, und der Fichtenkreuzschnabel beginnt in dieser Zeit sogar schon mit der Brautschau. Dann setzt das Frühjahr ein, wir kommen endlich wieder in den Genuss der unglaublichen Vielfalt von Lautäußerungen, zu denen Vögel fähig sind, und nun haben wir das nächste Problem, denn: Vögel anhand ihres Gesangs zu identifizieren ist eine Kunst.

Viele glauben, jede Vogelart hätte ihre bestimmte Melodie, ihre immer gleich Tonfolge, die man sich nur einzuprägen brauche, um jede Art sicher bestimmen zu können. Dem ist aber nicht so. Ein und dieselbe Art kann sehr unterschiedlich klingen, je nachdem ob ein Vogel warnt oder sein Revier markiert oder balzt oder seiner Lebensfreude Ausdruck verleiht. Das ist ja das Faszinierende: Im Gegensatz zu Säugetieren und Reptilien sind Vögel überwiegend extrem mitteilungsbedürftig und obendrein stimmlich ungeheuer versiert. Nicht wenige verfügen über ein großes Repertoire an unterschiedlichsten Lautäußerungen und klingen mal so, mal anders, weil sie mal dies, mal jenes »sagen« wollen.

Was die Sache zusätzlich erschwert: Manche Vögel klingen im Frühjahr anders als im Herbst. Natürlich kann man sich eine CD mit Vogelstimmen kaufen und sich den Gesang des Buchfinken vorspielen lassen, aber – so, wie er da klingt, hört er sich in der Natur nur von Frühjahr bis Sommer an. Die übrige Zeit macht er lediglich »pink, pink« oder produziert Knacklaute, und angesichts dieser schier unüberschaubaren Welt von Tönen hilft nur eins: Jahre und Jahrzehnte mit offenen Augen und Ohren dort draußen herumlaufen. Mir macht es jedenfalls Freude, Leuten zu helfen, die eine nie gehörte Vogelstimme aufgenommen haben und sich in ihrer Ratlosigkeit an mich wenden.

Und nicht genug damit. Wer glaubt, sich eher auf seine Augen verlassen zu können, und nach dem Erscheinungsbild geht, wird ebenfalls Überraschungen erleben. Allein der Unterschied zwischen Männchen und Weibchen! Männchen sind in aller Regel ausdrucksvoller in Farbe und Zeichnung als Weibchen, beide können aber auch in der Größe enorm voneinander abweichen – so ist bei Habicht und Sperber beispielsweise das Weibchen fast doppelt so groß wie das Männchen. Gut, dass im Bestimmungsbuch meist beide Geschlechter abgedruckt sind und manchmal sogar Jungvögel, die nochmals ganz anders aussehen können.

Ein Beispiel: Jeder kennt den herrlich farbenprächtigen Gimpel (auch Dompfaff genannt). Er fällt ins Auge mit seiner orangeroten Brust, den blaugrauen Flügeldecken, die in schwarzblaue Spitzen auslaufen, und seinem pechschwarzen Pfaffenhütchen auf dem Kopf. Das Weibchen hat schlichtes, braungraues Gefieder, ist aber ebenfalls mit dieser schwarzen Pfaffenkappe ausgestattet. Und wie sieht deren Nachwuchs aus? Er ist rundum mittelbraun gefiedert. Selbst die markante schwarze Haube fehlt. Erst wenn sich das Jungtier nach zwei Monaten zu verfärben beginnt, zeigt sich am Kopf ein schwarzes Pünktchen, das allmählich zum Streifen wird und sich schließlich wie eine Mütze über den halben Kopf stülpt.

Noch frappanter ist der Unterschied beim Rotkehlchen. Selbst das flügge Rotkehlchenjunge ist noch in einem durchgehend braun-grau-weiß gesprenkelten Gefieder unterwegs, so unscheinbar wie eine Tarnuniform beim Militär, die draußen in der freien Natur fast vollständig mit der Umgebung verschmilzt. Und genau das ist Sinn und Zweck der Sache: Küken und heranwachsende Vögel dürfen nicht auffallen. Tarngefieder ist für sie fast eine Lebensversicherung. Wer jederzeit auffliegen und seinen Angreifern durch die Luft entkommen kann, der darf sich jede optische Extravaganz leisten, er riskiert nicht viel, aber am Boden herrscht strikter Tarnuniformzwang.

Solange sie die Kunst des Fliegens noch nicht beherrschen, schweben vor allem Bodenbrüter in größerer Gefahr als Baumbrüter, sie vor allem müssen sich daher tarnen. Als Nestflüchter ziehen die Kleinen gleich nach dem Schlüpfen mit ihrer Mutter los, zu Fuß natürlich, und keine Krähe, kein Sperber sollte das mitbekommen – mit dem Federkleid ihrer Eltern aber würden sie wie lebende Zielscheiben durch die Gegend laufen. Deshalb behalten sie ihre Tarnung selbst dann noch eine Weile bei, wenn sie schon flügge sind und zusammen mit ihren Eltern ausfliegen. Aber man muss auch mal erlebt haben, wie naiv sich diese Jungvögel anfangs aufführen. Sie besitzen ja keinerlei Lebenserfahrung, kennen keine Scheu, wuseln arglos herum, wissen von keiner Gefahr, können eine Amsel nicht von einer Krähe unterscheiden und vertrauen voll und ganz auf ihre Mütter – wüssten sich im Ernstfall aber nicht zu helfen, da an fliegen noch nicht zu denken ist. Erst wenn sie gelernt haben, dass ein

Wildtier nicht vorsichtig genug sein kann, sind sie reif für das Gefieder der Erwachsenen.

Kurzum: Dass Vögel fliegen können, ist keine Neuigkeit, aber wer macht sich klar, wie sehr sie sich durch diesen Umstand von Säugetieren und Reptilien unterscheiden? Und jetzt zum letzten Punkt: Wie sieht es mit ihrem Gefühlsleben aus? Haben sie überhaupt eins? Ich habe versprochen, darauf einzugehen, und halte hiermit mein Wort.

Vögel können sich freuen, so viel steht fest. Ich weiß das von jenen Vögeln, die um meinen Bauwagen herum leben, mit denen ich daher häufig zu tun habe. Gut, die freuen sich, weil es bei mir was zu fressen gibt, aber ist das keine Freude? Nehmen wir nur die Tannenmeisen, die kleinste Meisenart und hochintelligent. Sie tauchen regelmäßig bei mir auf, und ich kann nicht mehr zählen, wie viele von ihnen an einem Wintertag auf mir landen. Ihr Gesang klingt dann anders als sonst. Bei vielen Vögeln lässt sich der Erregungszustand an der Klangfärbung ablesen, und meine Tannenmeisen geben dann einen bestimmten Piepslaut von sich, der für mich freudige Erwartung ausdrückt, als wollten sie sagen: »Hey, gib mir was!« Und dabei tänzeln sie auf ihrem Ast. Wenn eine Meise auf einem Ast immer weiter nach vorn hüpft, ist es bloße Neugier, aber in diesem Fall springen sie hin und her, als wären sie schon ganz nervös. Dieses Tänzeln erinnert an die Freudenhüpfer eines Kindes, dem seine Mutter gerade versprochen hat, ihm seinen größten Wunsch zu erfüllen.

Der Ausdruck von Gesicht und Augen bleibt dabei unverändert. Vögel haben so wenig Mimik wie Reptilien – im Gegensatz zu Säugetieren. Einem Fuchs, einem Hirsch kann ich seine Erregung oder Gemütsruhe am Gesicht ablesen, und nicht nur an der Art, wie er die Ohren bewegt, auch an seinen Augen. Ich denke da an jenen Hirsch, der hocherregt und brüllend direkt vor mir gestanden hat – so nah, dass ich riechen konnte, was er die letzten Tage gegessen hatte. Wenn man ihn sich auf meinen Fotos anschaut, fällt einem nicht nur das zum Röhren aufgerissene Maul auf, man stellt auch fest, dass seine Augen hart wirken, sein Blick herausfordernd und aggressiv ist. Später beruhigt er sich, und mit einem Mal wirken seine Augen weich, sein Blick hat unverkennbar einen friedlichen Ausdruck angenommen. Bei Vögeln wird man dergleichen nicht erleben. Bei ihnen äußern sich Emotionen allein durch ihre Körpersprache, durch die Art, wie sie die Flügel schlagen oder hüpfen oder – ihren Schnabel wetzen.

Tatsächlich. Viele Vögel putzen sich auf diese Weise nach dem Essen den Mund, bei bestimmten Rabenvögeln aber ist das Schnabelwetzen auch eine Verlegenheitsgeste. Ich beobachte jedenfalls hin und wieder, dass solch ein Vogel vor mir sitzt, nicht so recht weiß, was er von mir halten soll, mit der ganzen Situation offensichtlich nichts anfangen kann und dann den Schnabel wetzt, wie wir uns am Kopf kratzen würden. Auch Eichelhäher machen das, wenn sie unschlüssig sind.

Vögel verfügen also mit Sicherheit über ein Repertoire an Gesten, an denen sich ihre Stimmung ablesen lässt. Ich kann hier nur zwei Beispiele geben, es werden in Wirklichkeit viel mehr sein, aber in dieser Hinsicht befindet sich mein Wissen noch im Anfangsstadium. Mir ist auch nicht bekannt, ob es darüber Studien an wilden Vögeln gibt; über gezähmte Papageien weiß man wahrscheinlich besser Bescheid. Sicher ist, dass man Erfahrungen aus der Welt der Säugetiere nicht ohne Weiteres auf Vögel übertragen kann. Also bleiben wir einstweilen bei den Unterschieden, und ein ganz entscheidender wird im nächsten Kapitel zur Sprache kommen.

9
Der Schnabel macht's

Ja, der Schnabel. Eine weitere Besonderheit der Vögel und ein sicheres Erkennungsmerkmal obendrein, weil Männchen und Weibchen und oft schon die Jungvögel einer Art alle denselben Schnabel haben. Wer ein bisschen in die Welt der Vögel eintauchen möchte, wer sich ein Grundwissen über das Verhalten der jeweiligen Art aneignen will, der orientiere sich am besten an der Schnabelform.

So ein Schnabel ist ja überhaupt eine faszinierende Sache. Fische haben Mäuler, Säugetiere haben Schnauzen, aber ein Schnabel ist mehr als Maul oder Schnauze. Ein Schnabel ist – abgesehen davon, dass sich immer ein großer Schlund dahinter verbirgt – mal Spezialwerkzeug, mal multifunktionales Arbeitsgerät und in jedem Fall Mund und Hand und Hammer oder Meißel oder Nussknacker (und noch vieles mehr) in einem. Ein Lebewesen, das seine Arme beziehungsweise Vorderpfoten zum Fliegen braucht, kann sich nichts Besseres als einen Schnabel wünschen. Dabei ist die Vielfalt der Schnabelformen fast grenzenlos, weil jede perfekt an die jeweilige Lebensweise einer Art angepasst ist.

Das markanteste Beispiel dafür ist der Schnabel des Fichtenkreuzschnabels. Bei dem kreuzen sich die Schnabelspitzen, was nach einem Konstruktionsfehler aussieht, in Wirklichkeit aber die perfekte Lösung für das Problem darstellt, Samen aus einem Fichtenzapfen zu zupfen, ohne ihn aufzubrechen.

Ein Eichhörnchen müsste den Zapfen komplett abnagen, um an die Samenblättchen heranzukommen, dieser Vogel aber verschafft sich auf raffiniertere Weise Zugang zu seiner Leib- und Magenspeise: Er biegt die geschlossenen Schuppen des Zapfens mit seinem Schnabel in einer Drehbewegung auseinander, sodass er mit der Zunge in den entstandenen Hohlraum fahren und den Samen ohne Kraftaufwand herausholen kann. Das Verfahren ist kompliziert, aber es wird ihm durch die Schnabelform leicht gemacht, und am Schluss sieht man dem Zapfen kaum eine Beschädigung an, dieser hochspezialisierte Schnabel hinterlässt fast keine Spur.

Man muss gesehen haben, wie sich ein Fichtenkreuzschnabel über die hängenden Zapfen hermacht, wie artistisch er durchs Geäst turnt. Ich jedenfalls schaue diesen Vögeln stets mit Vergnügen dabei zu, wie sie sich von Zapfen zu Zapfen hangeln, den nächsten hängenden Zapfen nach oben biegen, ihn mit den Füßen festhalten und dann mit großem Eifer und unglaublichem Geschick von allen Seiten ausweiden. Auch wenn man auf die Distanz nicht genau mitkriegt, wie sie es machen, als Beobachter überzeugt man sich zumindest davon, wie flott sie diese komplizierte Arbeit dank ihres Präzisionswerkzeugs erledigen. Einen Nachteil hat diese Art zu fressen leider: Das Harz der Fichtenzapfen bleibt natürlich an den Schnäbeln kleben, und hinterher sehen sie total beschmiert und verkleistert aus. Aber okay, das gehört zum Geschäft. Dafür müssen sie auch nicht, wie andere Vögel, so lange auf die Samen warten, bis die Zapfen von allein aufgehen. Auch im Fichtenwald gilt: Wer zuerst kommt, mahlt zuerst – und der mit dem gekreuzten Schnabel ist immer der Erste.

Übrigens kommen Fichtenkreuzschnäbel mit geraden Schnäbeln zur Welt. Mama und Papa haben gekreuzte Schnäbel, aber das Küken nicht, weil es sonst mit der

Fütterung schwierig würde. Etwa vierzig Tage nach dem Schlüpfen geschieht dann das Wunder, und innerhalb weniger Tage verbiegen sich die Schnabelspitzen des Kleinen, die eine nach links, die andere nach rechts, und fertig ist dieses Paradestück und Musterbeispiel eines Präzisionswerkzeugs im Reich der Vögel.

Zum Zapfenschuppen-Auseinanderbiegen benötigt man einen soliden Schnabel, und der des Fichtenkreuzschnabels ist in der Tat stabil gebaut – aber kein Vergleich mit dem Schnabel des Kernbeißers. Ein solcher Schnabel kommt sonst nur in Südamerika vor, nämlich bei Papageien. Größer als eine Kohlmeise, aber kleiner als eine Amsel, ist dieser unauffällige Singvogel mit einem enormen, massigen Erker im Gesicht ausgestattet. Damit ist klar: Dieser Schnabel ist nicht für filigrane Tätigkeiten geschaffen. Hier haben wir es nicht mit einem brasilianischen Dribbelkünstler zu tun, eher mit einem Oliver Kahn im Tor – oder anders gesagt: Der Kernbeißer hat einen Schnabel fürs Grobe. Einen Schnabel, mit dem er das Kunststück fertigbringt, einen Kirschkern aufzubrechen. Wollte unsereins das versuchen, stände der nächste Zahnarzttermin an; auch unsern kleinen Finger sollten wir besser nicht in die Nähe dieses Schnabels bringen.

Und jetzt halte man ein Wintergoldhähnchen dagegen. Das ist ein hübscher Bursche mit einem goldgelben Scheitel, aber winzig – nur ein paar Gramm schwer, keine zehn Zentimeter lang –, und das Winzigste an ihm ist der Schnabel. Jeder Zahnstocher wirkt dagegen klobig. Spitz wie eine Nadel und nur wenige Millimeter lang – für so ein Nichts von einem Schnabel möchte man ihn fast bedauern. Klar ist jedenfalls: Der wird keine Kirschkerne zerbeißen.

Tut er natürlich auch nicht. Das Wintergoldhähnchen ist fast ein reiner Insektenfresser. Nur im Winter nimmt er auch winzige Sämereien auf. Aufgrund seiner kümmerlichen Körpergröße hat er sich auf kleinste Spinnentiere und Mücken spezialisiert, die versteckt zwischen Fichten- und Kiefernnadeln leben. Sein Miniaturschnabel ist für diesen Mikrokosmos geschaffen, damit stochert er zwischen den Nadeln herum, dringt in feinste Sprünge und Risse der Rinde von Zweigen und Ästen ein und angelt sich die benötigten Kleinstlebewesen heraus. Allerdings muss er schon riesige Portionen davon verspeisen, bevor sich ein Sättigungsgefühl einstellt, und so kommt es, dass er ständig unterwegs ist, unablässig hin- und herfliegt – nicht aus Nervosität, sondern weil er bis zum Abend auf seine Tagesration kommen muss. Und jetzt stelle man sich vor, Kernbeißer und Goldhähnchen würden die Schnäbel tauschen – es wäre ihr sofortiger Untergang.

Genauso hochspezialisiert ist der Waldbaumläufer. Es gibt ihn noch in der Ausführung Gartenbaumläufer, aber beide sind einander so ähnlich, dass wir zwischen ihnen nicht zu unterscheiden brauchen. Auch Baumläufer sind kleine Vögel, aber diesmal misst der Schnabel ein Viertel ihrer Körperlänge, ist vorne leicht gebogen und läuft ebenfalls dünn und spitz wie eine Nadel zu. Also auch er ein Spezialist für Baumrinde?

Selbstverständlich. Mit ruckartigen Bewegungen läuft er an Stämmen und Ästen entlang und hält in den Furchen, Rillen und Runzeln der Rinde nach winzigen Öffnungen Ausschau. Mit Vorliebe stochert er in jenen Löchern, die Käfer nutzen, um unter die Rinde zu gelangen, fährt mit seinem langen, dünnen Schnabel hinein und zieht ihn mitsamt Käfer, Spinne oder Larve wieder heraus. Solche spitzen, schmalen Schnäbel lassen praktisch immer auf Insektenfresser schließen, weshalb sie auch so heißen: Insektenfresserschnabel.

Folglich kann der Dompfaff (oder Gimpel) mit seinem kompakten, wuchtigen Schnabel kein Insektenfresser sein. Tatsächlich ist er Vegetarier und liebt große Sämereien,

Knospen und Beeren, alles Dinge, die abgetrennt oder mit einer gewissen Kraftanstrengung abgerissen werden müssen. Und die Kohlmeise? Nun, deren Schnabel würden wir als normal bezeichnen, so stellen wir uns einen Vogelschnabel eigentlich vor – und, kein Wunder: Sie ist ein Allesfresser. Sie verschmäht weder Fleisch noch Samen, noch Körner, noch Brot; daher der Universalschnabel, wie wir ihn genauso vom Spatz kennen. Das gibt es eben auch: multifunktionale Schnäbel, die alles können, ohne auf einem bestimmten Gebiet Überragendes zu leisten.

Und was sollen wir vom Schnabel der Wasseramsel halten? Etwas kleiner als ein Star, hat sie einen eher dünnen und doch kräftigen Schnabel von mittlerer Länge. Wozu der gut sein soll, würde man nie erraten; dafür muss man schon ihre ausgefallene Jagdmethode kennen. Die Wasseramsel sucht ihr Futter nämlich überwiegend unter Wasser. Sie betreibt das sogenannte Wasserlugen, steht also am Rand eines Fließgewässers, taucht den Kopf ein, durchbricht auf diese Weise den Wasserspiegel und hält unter Wasser Ausschau nach Beute. Entdeckt sie etwas, taucht sie ganz unter, und dann … Dann wird's spannend.

Scharf ist sie auf Larven. Eine besondere Vorliebe hat sie für die Larven der Köcherfliege. Die schwimmen aber nicht einfach auf dem Grund eines Baches herum, die kleben oft an der Unterseite von Steinen, und jetzt setzt die Wasseramsel eine Spezialtechnik ein: Sie schwimmt heran, setzt ihren Schnabel als Hebel an, dreht den Stein um, reißt die festsitzende Larve mit einer Kopfdrehung ab, taucht damit wieder auf und – kann immer noch nicht fressen. Das schwerste Stück Arbeit steht noch bevor. Die Köcherfliegenlarve steckt nämlich in einem festen Panzer, ebenjenem Köcher, der dem Tier seinen Namen gibt. Darin darf sie sich durchaus sicher fühlen, der ist stabil, und von Fischen hat sie damit wirklich nichts zu befürchten, aber – die

Wasseramsel wurde beim Entwurf des Köchers offenbar nicht berücksichtigt. Die wird mit ihm fertig, und kaum hat sie die Larve samt Köcher aufs Trockene befördert, geht sie daran, die harte Schale mit Schnabelhieben zu zertrümmern. Der Geschmack einer Köcherfliegenlarve scheint den ganzen Aufwand zu lohnen, wir aber bestaunen einen Schnabel, der nichts besonders Auffälliges hat und trotzdem gleich drei Funktionen erfüllt: als Hebel, als Dosenöffner und als Pinzette, denn die Larve muss ja am Ende aus dem Köcher herausgezogen werden.

In dieser Art könnte ich weitermachen. Der Variantenreichtum der Schnabelformen ist unerschöpflich. Da gibt es den kräftigen, keilförmigen Schnabel des Stieglitz, der ihn als Körnerfresser ausweist, den Meißelschnabel des Spechts, die harpunengleichen Schnäbel von Seevögeln oder die Seihschnäbel von Wasservögeln wie Ente und Schwan, die das Wasser bei geschlossenem Schnabel durch die gezackten Ränder pressen und so kleinere Wassertiere und Wasserpflanzen herausfiltern – kurzum: Spezialisierung, wohin man schaut. Ein Prachtexemplar von Spezialschnabel besitzt der Gänsesäger mit seinem Haken an der oberen Schnabelspitze und regelrechten Sägezähnen, über die ganze Länge des Schnabels verteilt – damit entwischt ihm kein Fisch, mag er noch so glitschig sein. Doch selbst ein Allesfresser-Schnabel, wie ihn Raben, Elstern und Krähen haben, ist faszinierend, weil er das optimale Allround-Werkzeug ist, zum Früchtepflücken genauso geeignet wie zum Insektenfangen oder Aaszerstückeln.

Aber ich will es bei diesen Beispielen aus unserer Gegend belassen. Seevögel haben wir keine, und Greifvögel spare ich hier aus, weil sie ein eigenes Kapitel verdienen. Natürlich, Wasservögel finden sich auch bei uns. Einige Kilometer südlich von meiner Heimat, bei der Stadt Regen, gibt's einen Stausee, wo es von Enten und Schwänen wimmelt. Man wird mich dort auch gelegentlich antreffen, aber, ehrlich gesagt: Ich finde es so langweilig, mit zwanzig anderen Fotografen im Pulk einen Schwan nach dem anderen zu fotografieren …

10

Meine Findeltiere

Ich verrate jetzt ein Geheimnis. Etwas, worüber ich sonst nicht spreche, schon weil ich befürchte, es könnte kitschig klingen. Oder ein bisserl spinnert. Aber egal …

Ich siedele ja nicht nur Kreuzottern um. Ich ziehe auch Jungtiere auf, verletzte oder verlassene, und wenn mir jemand einen erwachsenen Greifvogel bringt, der eine Kollision mit einem Auto überlebt hat, nehme ich ihn ebenfalls unter meine Fittiche. Die beiden Käfige für Tierbabys in unserem Schlafzimmer habe ich bereits erwähnt, dazu kommen noch die Auswilderungskäfige an meinem Bauwagen, und in irgendeinem tummelt sich fast immer irgendein Tierchen, vom Siebenschläfer bis zum Bussard, vom Sperber bis zum Feldhasen. Natürlich nur so lange wie nötig. Früher oder später entlasse ich jeden meiner Schützlinge in die Freiheit.

Das heißt: Ich will nichts von ihnen. Sie sollen mich nicht nett finden, sie sollen mir keine Dankbarkeit erweisen, sie sollen lediglich die Chance erhalten, in der Natur aus eigener Kraft zurechtzukommen und nach einem misslungenen Start doch noch das freie Leben eines wilden Tiers zu führen – oder in dieses Leben nach einem Unfall zurückzukehren. Wenn mich ein Turmfalke zum Abschied beißt, nachdem ich alles drangesetzt habe, ihn aufzupäppeln, bin ich regelrecht entzückt, denn das bedeutet: Er ist so weit, er fühlt sich der Freiheit gewachsen. Und wenn er dann seine Flügel ausbreitet und davonfliegt – ein schöneres Bild kann es für mich gar nicht geben. Dieser Vogel, der mir Tage zuvor mehr tot als lebendig gebracht worden war, gibt mir mit seinem Biss zu verstehen: Das war's. Um mich brauchst du dir keine Sorgen mehr zu machen.

Und jetzt mein Geständnis: Manchmal kommt es mir so vor, als würde sich Mutter Natur bei mir revanchieren. Dafür, dass ich ihr ganz allgemein mit Respekt begegne, und insbesondere dafür, dass ich mich um die Pechvögel unter ihren Kindern kümmere. Ich bilde mir nämlich ein, dass meine Begegnungen mit Tieren in freier Wildbahn immer sensationeller werden, je mehr hilflose Tiere ich großziehe oder wiederhergestellt in die Freiheit entlasse. Vielleicht stimmt es. Vielleicht war mein völlig unwahrscheinliches Erlebnis mit einem Luchs vor ein paar Monaten eine Art Dankeschön. Vielleicht ist die Natur zu unerwarteten Gegenleistungen bereit. Mag aber auch sein, dass ich zu viele Indianerbücher gelesen habe.

Immerhin – es ist bekannt, dass Schäfer auch über große Entfernung hinweg mit ihrer Herde in Verbindung stehen. Ein krankes Tier draußen im Pferch – und der Schäfer, der daheim vor dem Fernseher sitzt, wird unruhig, zieht sich an und fährt hinaus. Ab einer bestimmten Intensität der Beziehung scheint es zu einer intuitiven Kommunikation zwischen Mensch und Tier zu kommen. Ich jedenfalls kann mir mein Glück mit Tieren nicht mehr allein durch die richtige Körpersprache, kluge Strategien oder alles andere, was man in einem Buch aufzählen könnte, erklären. Oder, um es in den Worten von Sabine auszudrücken (die immer mal wieder mit einer Bestätigung aushelfen muss, weil sie praktisch meine einzige Zeugin ist): »Das gibt's doch nicht! Du warst eine Stunde im Wald und kommst mit dreißig Bildern nach Hause …« Genau das meine ich. Manch anderer Fotograf sitzt stundenlang im Tarnzelt, hat am Ende ein einziges Bild gemacht und braucht für einen Rothirsch drei Wochen. Ich will aber nicht unterlassen, auch eine natürliche Erklärung in Betracht zu ziehen: Viele machen den Fehler, gezielt zu suchen und sich auf eine Tierart zu versteifen. Sie laufen mit Scheuklappen durch den Wald, und wenn du Schwammerln suchst, siehst du eben keine Brombeeren mehr. Ich verfolge eine andere Strategie. Nichts erzwingen wollen, die Dinge auf sich zukommen lassen, dem Zufall vertrauen oder auch der unberechenbaren Dramaturgie der Natur, das ist nach meiner Erfahrung die klügste und schönste Herangehensweise.

Diese Abschweifung sei mir gestattet, und jetzt zu den Findeltieren, die aus irgendeinem Grund bei mir landen. Die Kunst besteht darin, beim Aufpäppeln so vorzugehen, dass sie nicht ihre Wildheit verlieren. Nicht bei allen, aber bei vielen besteht die Gefahr, dass sie bequem und womöglich anhänglich werden. Es kommt sogar vor, das Findeltiere von ihren Rettern zu Tode geliebt werden.

Machen wir uns also als Erstes klar, dass Wildtiere den Menschen mehr fürchten als den Tod (wenn sie den Tod überhaupt fürchten) und dass sie deshalb niemals vom Menschen gerettet werden wollen. Das ist grundsätzlich so, auch wenn bestimmte Arten ihren Widerstand schneller aufgeben als andere, die dem Menschen ihre Rettung unter gar keinen Umständen verzeihen. Hinzu kommt aber, dass gerade tierliebe Menschen ihnen oft die Bestätigung dafür liefern, wie recht sie mit ihrer Furcht vor dem Menschen haben.

Nehmen wir eine Familie, die sich mit Hauskatzen auskennt. Wenn Mama, Papa und Kinder dann eine verletzte Katze mit vereinten Kräften betüddeln, ist es immerhin möglich, dass der Katze dieses Theater guttut. Sollte dieselben Leute aber ein verletztes Wildtier aufsammeln … Ich habe schon erlebt, dass dieses Tier dann in eine Box gesperrt wird, die ganze Familie drum herumsteht und alle auf den Patienten einreden, als ob sie ihn damit in Sicherheit wiegen könnten. Das Gegenteil ist der Fall. Das Tier wird kurz vor einem Herzinfarkt stehen, denn – es ist ohnehin verletzt, und jetzt haben seine Todfeinde es auch noch eingefangen und in ihre Wohnung verschleppt. Seither hat es keinen Augenblick der Ruhe mehr erlebt; entweder wird es von vier Augenpaaren gleichzeitig angestarrt und mit bedrohlichem Gebrabbel überschüttet, oder es kommt ständig einer vorbei, der mal schnell nachgucken muss, wie's dem armen Kerl denn so geht.

Ich habe schon Tiere erlebt, die an dem Stress gestorben sind. Da liegt ein verletzter Greifvogel in einem Kasten auf dem Rücken, die Zunge hängt ihm schon zum Schnabel heraus, und jetzt macht er seine letzten Atemzüge – nicht wegen des angebrochenen Flügels, sondern weil er den absoluten Horror erlebt hat, nichts anderes, als stände die komplette Manson Family mit gezückten Messern um unser Krankenlager herum. »Leute«, sage ich dann, »tut das Tier in einen Karton, macht Löcher rein und legt ein Handtuch drüber, sodass es Luft kriegt, aber abgedunkelt ist, und stellt es irgendwo hin, wo's ungestört ist. Lasst dieses Tier einfach in Ruhe.« »Aber wir müssen uns doch drum kümmern …« Nein! Müsst ihr nicht!

Ich gehe jedenfalls anders vor. Wenn mir ein Tier gebracht wird – oder ich eins beim freundlichen Finder abhole –, schaue ich mir den Kandidaten ganz genau an und achte besonders auf seine Augen. Viele Greifvögel, die eine Kollision hinter sich haben, sind zum Beispiel gar nicht verletzt. Sie stehen nur unter Schock, sie brauchen lediglich einige Stunden Ruhe. Ein Mäusebussard, den ich in dieser Verfassung in ein Zimmer verfrachten würde, wo Kommen und Gehen herrscht, käme aus diesem Schock gar nicht mehr raus. Also prüfe ich nur kurz seinen Ernährungszustand, bevor ich ihn an einem ruhigen Ort abstelle, und kümmere mich nicht weiter um ihn. Am nächsten Tag, wenn ich die Decke von seinem Käfig abziehe, erlebe ich höchstwahrscheinlich schon wieder einen Bussard, der vor Unternehmungslust platzt.

Allerdings – ob man nun Jungtiere großzieht oder verletzte Tiere pflegt, jede Tierart hat ihre Eigenheiten, jede reagiert anders. Ich nehme mich dieser Tiere auch deshalb gern an, weil ich ihr Verhalten dann über Tage oder Wochen, manchmal sogar über Monate hinweg wie in einer Laborsituation studieren kann. Da ich auf Säugetiere später von Fall zu Fall eingehen werde, will ich hier vor allem von meinen Erfahrungen mit Greifvögeln erzählen.

Und da zeigt sich: Ein Mäusebussard kommt mit der Ausnahmesituation, eingesperrt zu sein und gefüttert zu werden, recht schnell zurecht. Ich hatte schon viele, und jedes Mal hat ein Bussard alles, was seine ungewohnte neue Lage mit sich brachte, mit Gleichmut über sich ergehen lassen, egal ob Jungvogel oder erwachsenes Tier. Und ähnlich pflegeleicht sind Turmfalken. Sie verstehen in kürzester Zeit, dass du ihnen nichts Böses willst, und nach zwei, drei Tagen schon sperren sie bereitwillig die Schnäbel auf, sobald du mit einem Stück Fleisch ankommst. Junge Turmfalken bauen sogar relativ schnell eine Beziehung zum Menschen auf, ob man will oder nicht, und ich hatte schon Turmfalken – auch erwachsene –, die nach der Auswilderung noch eine ganze Weile in der Nähe des Bauwagens wohnten. An einen erinnere ich mich besonders gern, weil er mir den Gefallen getan hat, nicht auf Schmusekurs zu gehen. Dieser Turmfalke war Rosi.

Rosi wurde mir mitten in der Nacht gebracht, unterkühlt und ausgehungert. Sie hatte in einer Pfütze gelegen, sie war fix und fertig, und am ersten Tag musste ich sie zwangsernähren. Selbst in diesem Zustand hätte sie von ihrem ärgsten Feind freiwillig kein Futter angenommen – so reagieren Wildtiere zu Beginn immer –, aber nach drei, vier Geflügelherzen war die Gefahr des Verhungerns gebannt. Meine Erste-Hilfe-Maßnahmen umfassten außerdem eine Spritze mit einer Traubenzuckerlösung seitlich in den Schnabel, um dem Blutzuckerspiegel aufzuhelfen, und mehr konnte, mehr brauchte ich für Rosi nicht zu tun – schon am dritten Tag nahm sie alles, was ich ihr vorlegte, bereitwillig an.

Greifvögel kapieren tatsächlich schnell. Es gibt welche, die grundsätzlich auf Krawall gebürstet sind, zu denen komme ich gleich, aber viele haben im Handumdrehen heraus, dass du ihnen helfen willst, und spielen dann mit. Auch Turmfalke Rosi machte keine Ausnahme – bis es zum Tag der Auswilderung kam. Plötzlich sah sie mich nicht mehr an. Plötzlich verschmähte, ja ignorierte sie das Fleisch, das ich ihr hinhielt. Ihr ganzes Verhalten hatte sich schlagartig geändert, und als ich sie aus dem Käfig nahm, geschah es: Rosi biss zu. Und diesen Biss – ich erwähnte es schon – quittierte ich mit Erleichterung und Freude. Das war die Körpersprache eines Turmfalken. Das hieß: Auf Nimmerwiedersehen – und danke für die Geflügelherzen!

Bei einem Sperber hingegen sieht die Sache anders aus. Von dieser Sorte hatte ich schon einige, mehrere junge und einen erwachsenen, und ich kann nur sagen: ein Unterschied wie Tag und Nacht. Ein Turmfalke kommt bestens damit klar, sich vorübergehend in der Obhut des Woid Woife zu befinden, der hat an dieser Situation nicht das Geringste auszusetzen, aber ein Sperber ist kein Jäger, er ist ein Kämpfer. Ob als Küken oder als ausgewachsener Vogel, kein Sperber will je etwas von dir wissen (solange man kein professioneller Falkner ist).

Mein erwachsener Sperber stand Gott sei Dank bloß unter Schock. Der bekam lediglich sein Futter in den Käfig geworfen, und zwei Tage später trennten sich unsere Wege schon wieder. Junge Sperber erfordern natürlich einen größeren Betreuungsaufwand, aber auch bei denen bleibe ich durchweg auf Abstand, die behellige ich so wenig wie möglich. Sie sind so wild, dass nicht einmal die Fütterung ohne Zwischenfälle über die Bühne geht. Später, wenn sie größer sind, halte ich mich ganz zurück und werfe ihnen sozusagen im Vorbeigehen mal eine Maus, mal ein Küken in den Käfig – die sind dann auch ruckzuck weg –, aber am Anfang darf man sie kaum aus den Augen lassen. Manchmal geht es um Stunden. Ein Sperberjunges muss dann unbedingt fressen, bevor es womöglich an Entkräftung stirbt, aber mit Kooperation darf man nicht einmal jetzt rechnen. Wenn ich ihm Fleischstückchen hinwerfe, muss ich dabeibleiben und kontrollieren, ob er sie auch wirklich frisst oder aus Empörung verschmäht, und auf Gegenwehr gefasst sein, sobald ich ihn zu füttern versuche.

Der Umzug in die Voliere am Bauwagen ändert an seinem Verhalten nichts. Ein Turmfalke würde freundlich flöten, wenn er mich sähe. Ein Mäusebussard würde bei meiner Annäherung höchstens einen kleinen Sprung nach hinten machen. Bei einem Sperber aber muss ich damit rechnen, dass er ausrastet. Dabei gehe ich schon langsam auf ihn zu, damit er sich keinen Flügel an der Käfigwand zerschlägt. Doch selbst dann zieht er sich noch in den hintersten Winkel zurück, spielt das komplette Repertoire seiner Drohgebärden durch und schreit mich an. Ja, selbst wenn er sein Fressen annimmt, geht es nicht ohne Dramatik ab, denn ein Sperber muss auch Futter erst einmal erjagen. Ob eine Maus lebendig oder tot ist, er stürzt sich drauf, schlägt seine Krallen in die Beute und zerhackt sie.

Wieder anders ist es beim Waldkauz. Ein Waldkauz im Käfig hört nie auf zu drohen, verliert aber auch nie den Kopf. Das heißt, er biedert sich nicht an, er lässt keinen Zweifel an seiner Missbilligung der Situation, gerät aber weder in Panik noch in Rage. Wenn er mich sieht, zieht er sich zurück, strafft seinen Körper, streckt einen Flügel zur Hälfte aus und gibt laute, klickende Geräusche von sich, die klingen, als würde man mit einem Hämmerchen auf Hartholz schlagen. Gut, das ist als Drohlaut gemeint, aber Furcht einflößend sind diese Töne nicht; insofern fallen Waldkäuze unter die angenehmeren Mitbewohner.

Jetzt ist es erstaunlicherweise so, dass schon Jungtiere auf das kleinste Anzeichen innerer Unausgeglichenheit beim Menschen mit Unbehagen oder Aggression reagieren. Auch denen kann man nichts vormachen, auch die kriegen sofort mit, wenn deine Ruhe nur gespielt ist und dein Puls in Wirklichkeit doch etwas schneller geht.

Da hatte mir eine befreundete Tierschützerin einen kleinen Siebenschläfer zum Aufziehen gebracht. Vier Wochen lang musste er von meiner Frau versorgt werden, weil ich mit eingeklemmtem Nerv ausgefallen war, und irgendwann traute sie sich nicht mehr, ihn anzufassen, weil er anfing, ihren Finger anzuknabbern. Klar, ein Siebenschläfer reißt dir nicht den Arm ab, trotzdem möchte man von einem Nagetier nicht gebissen werden, das verstehe ich.

Nach Ablauf der vier Wochen bin ich wieder einsatzfähig und öffne den Käfig. Ich fasse mit der Hand hinein, und nichts passiert, kein Wegducken, kein Zuschnappen – wir sind sofort wieder in Kontakt. Mein Siebenschläfer, der inzwischen ordentlich gewachsen ist, bleibt völlig ruhig, ist einfach nur da und schnuppert dann an meiner Hand, erst zaghaft, dann beherzter, bevor er schließlich hineinschlüpft. Das erste Wiedersehen nach vier Wochen Pause, und gleich ist alles wieder gut.

Was mache ich anders? Meine Frau hatte sich beim Reinfassen jedes Mal überwinden müssen, nur ein wenig, nur ein kleines bisschen, aber schon dieser Anflug einer Irritation hatte gereicht, den Siebenschläfer in Unruhe zu versetzen.

Wenn ich hingegen meine Hand hineinstecke, dann ohne die Spur einer Befürchtung, dass er zubeißen könnte. Absolut vertrauensvoll, ohne Hast, mit unerschütterlicher innerer Ruhe nähere ich mich dem Tier und erlebe, dass sich meine Verfassung voll und ganz auf diesen kleinen Siebenschläfer überträgt. Vertrauen gegen Vertrauen, so lautet ein Grundprinzip im Umgang mit wilden Tieren, und schon Jungtiere reagieren auf die Gemütsverfassung ihres Pflegers – so oder so.

Beim Sperber ist dennoch Vorsicht angesagt. Einmal hat mich einer regelrecht aufgespießt. Zu guter Letzt noch, kurz bevor er seinen Abflug machte, musste er seine Fänge in meinen Unterarm bohren, was höllisch wehtat. Wie kommt man aus dieser Verlegenheit wieder raus? Abschütteln? Unmöglich – und mit der Hand bekommt man diese Krallen schon gar nicht rausgezogen. Also abwarten, bis der Sperber geruht, seine Fänge von sich aus zu lösen?

Genau. Das setzt ein gerüttelt Maß an Selbstbeherrschung voraus. Aber er lockert seinen Griff erst dann, wenn er merkt, dass du selbst völlig entspannt bist. Also sich nichts anmerken lassen, den Schmerz aushalten, bloß nicht die Nerven verlieren, Ruhe ausstrahlen. Das Verrückte ist: Es wirkt umgehend. Nur Sekunden vergehen, bis er feststellt: Kein Grund zur Aufregung, hier droht wohl doch keine Gefahr, also den Griff wieder gelöst … Umgekehrt aber beweist ihm auch die kleinste Nervosität: Hier stimmt etwas nicht, ich bin bedroht, ich sollte auf Verteidigung bzw. auf Angriff schalten. Womit wir schon mittendrin wären im Thema Greifvögel.

11

»Kinder, heute gibt's Adler« – Bussard und Habicht

Wer eine Vorliebe für die Jäger im Tierreich hat, muss von den Greifvögeln fasziniert sein. Die Beutegreifer unter den Säugetieren haben nur ein beschränktes Repertoire von Tricks und Manövern, die sie bei der Jagd einsetzen, weil der Erdboden ihnen nur einen begrenzten Spielraum lässt – entweder arbeiten sie aus der Deckung heraus und nutzen das Überraschungsmoment, oder sie verlassen sich auf ihre Ausdauer als Langstreckenläufer. Greifvögeln aber steht der Luftraum zur Verfügung, den manche von ihnen virtuos nutzen. Wer je eine südamerikanische Harpyie dabei beobachtet hat, wie sie im Flug ein sieben Kilo schweres Faultier vom Baum pflückt und mit ihrer Beute sicher durch das Astgewirr des Regenwalds manövriert, wird die Jagdmethoden von Gepard oder Wolf eher plump finden. Das europäische Gegenstück zur Harpyie, der Habicht, ist als Jäger nicht weniger faszinierend, dazu kommt bei uns noch eine beträchtliche Anzahl weiterer Greifvögel, vom Sperber bis zum Adler, aber so aufregend sie im Einzelnen sein mögen, einen Nachteil haben sie alle. Was aus unserer Sicht an ihren Künsten zu bemängeln wäre, ist, dass wir in aller Regel nichts davon mitbekommen. Wir sehen allenfalls mal einen Bussard am Rand der Autobahn sitzen oder am Himmel seine Kreise ziehen, vielleicht noch einen Turmfalken über einer Wiese rütteln und eine Weihe im Gleitflug über flaches

Gelände streichen, aber das wahre Leben von Greifvögeln findet im Verborgenen statt. Der Habicht zum Beispiel lebt so versteckt, ist so schnell da und so schnell wieder weg, dass man ihn kaum je zu Gesicht bekommt. Nicht nur im Fall der Harpyie sind wir deswegen auf Filme angewiesen, mögen sie nun gestellte Szenen zeigen oder Zufallstreffer darstellen – es sei denn, man verbringt viel Zeit als sehr genauer Beobachter draußen in der Natur. Ich kann einige Erlebnisse mit Greifvögeln beisteuern, muss aber zugeben, dass sie alle flüchtiger und distanzierter ausfallen als meine Begegnungen mit Hirschen oder Füchsen. Und was das Fotografieren angeht – sollte man überhaupt je einen Habicht bei der Jagd erleben, ist das große Ereignis in vier Sekunden auch schon vorbei; gut, vielleicht ist ein anderer reaktionsschnell genug, ich bin's jedenfalls nicht.

Wie immer will ich mich an die heimischen Arten halten. Milan und Weihe spare ich daher aus, die ziehen offene Landschaften vor und lassen sich deshalb hier im Arbergebiet selten blicken. Was bleibt, sind Mäuse- und Wespenbussard, Habicht und Sperber, Turm- und Wanderfalke – also immer noch mehr als genug für ein Kapitel.

Aus diesem Kreis sind Mäuse- und Wespenbussard die gemütlichsten Vertreter ihrer Gattung. Gewiss, mit einem Meter dreißig Spannweite, eventuell etwas darüber, gehören beide Bussardarten zum Eindrucksvollsten, was es am Himmel über dem Bayerischen Wald zu sehen gibt, aber tollkühne Jäger sind beide nicht. Der Mäusebussard fängt, wie der Name schon sagt, Kleintiere bis zur Größe einer Maus, darunter Blindschleichen und Eidechsen, allenfalls mal ein junges Kaninchen, und sollte man ihn wie einen Sonntagsspaziergänger in einer Wiese auf- und abschreiten sehen, dann steht ihm gerade der Sinn nach noch kleineren Lebewesen, nach Käfern oder Grillen. Niemals aber schlägt ein Mäusebussard eine Taube im Flug, denn dafür reichen seine

Flugkünste nicht aus, dafür ist er zu behäbig. Und niemals holt sich der Mäusebussard ein erwachsenes Huhn, denn dafür sind seine Fänge zu schwach, das könnte er gar nicht töten. Für beides aber käme der Habicht sehr wohl in Betracht, weil der richtig zupacken kann – was ein Habicht einmal in den Fängen hat, das lässt er nicht mehr los, und sei es doppelt oder dreimal so groß wie er selbst.

Damit kommen wir zu einem wesentlichen Unterschied im Bereich der Greifvögel: Die einen – wie Bussard, Habicht und Sperber – sind Grifftöter, die anderen – wie Turm- und Wanderfalke – sind Bisstöter. Das heißt: Alle benutzen ihre Fänge zum Ergreifen der Beute, aber bei Grifftötern ist Ergreifen und Töten eins, Bisstöter hingegen erledigen das Töten nach dem Ergreifen mit dem Schnabel. Wer als Grifftöter also relativ wenig Kraft in den Fängen hat, muss sich eben mit Mäusen begnügen, den würde ein ausgewachsener Hase sofort abschütteln, der würde nicht mal ein Huhn zur Strecke bringen können. Wenn der Bussard trotzdem immer wieder des Hühnerdiebstahls bezichtigt wird, hat das einen simplen Grund: Weil er am Himmel majestätisch seine Runden dreht, wird er von allen bemerkt – den Habicht aber sieht keiner, der lauert vor unseren Blicken geschützt im Baum, wirft sich blitzschnell auf ein Huhn und tötet es im Handumdrehen mit dem eisernen Griff seiner Krallen. Der lässt sich nicht erwischen, der lässt sich nicht mal blicken.

Was diesem wilden Typen kaum einfallen würde, ist, das Geschäft des Beuteschlagens anderen zu überlassen. Autos zum Beispiel. Dem Mäusebussard hingegen ist der Ehrgeiz des Habichts fremd. Der nimmt den überfahrenen Fuchs oder Hasen dankbar an und wartet dafür gern Stunde um Stunde, auf einer Leitplanke oder Lärmschutzwand sitzend, die Autobahn immer im Blick. An den Motorenlärm hat er sich längst gewöhnt, Fußgänger behelligen ihn hier keine, was also sollte gegen diese bequeme Art der Nahrungsbeschaffung zu sagen sein? Dass man selbst dabei unter die Räder geraten kann? Ach, auch darüber kommt man hinweg …

Und der Wespenbussard? Sein Name sagt es schon: Er hat die schwächsten Fänge und begnügt sich deshalb meist mit Insekten. Vom Erscheinungsbild her eindrucksvoll, wagt er sich allenfalls an Eidechsen, scharrt aber gewöhnlich am Boden, um das Nest einer Erdhummel auszugraben oder ein Wespennest in einem ehemaligen Mauseloch zu plündern. Sein langer, schmaler Kopf verschwindet dabei immer wieder in einem Erdloch, kommt aber jedes Mal bald wieder zum Vorschein. Kaum hat er eine Larve erwischt, zieht er den Kopf heraus, äugt nach oben und wirft einen kurzen, prüfenden Blick zum Himmel – es könnte da oben ja jemand unterwegs sein, einer, der ihm übel mitspielen würde, nämlich der Habicht. Unglaublich, aber so ist es: Hier haben wir einen Greifvogel, der sich vor einem anderen Greifvogel fürchtet. Aus gutem Grund. Auch ein Bussard darf sich niemals in Sicherheit wiegen; der Größenvergleich fällt zwar zu seinen Gunsten aus, aber im Kräfteverhältnis ist ihm der Habicht deutlich überlegen.

Alles in allem sind kreisende Bussarde am Himmel schön anzusehen, als großartige Jäger aber fallen sie nicht auf. Sei's drum. Der Mäusebussard kommt auch so gut zurecht, Mäuse gibt es genug, und außerdem … Anpassungsfähig, wie er ist, gibt er sich mit fast jedem Lebensraum zufrieden, frisst, was gerade kommt (solange es klein genug ist), und fühlt sich deshalb in der Großstadt nicht weniger wohl als in Mittel- und in Hochgebirgen. Anpassungsfähigkeit ist im Tierreich sowieso der Schlüssel zum Erfolg – wie nicht selten auch beim Menschen. Übel dran sind jene, die partout ihr eigenes Süppchen kochen müssen und ihren Lebensstil auf Biegen und Brechen beibehalten wollen – wie der

Auerhahn, das einzige Tier, das ich je aus dem Tarnzelt heraus fotografiert habe. Dieser Vogel bleibt mit unerschütterlicher Sturheit bei seinen Gepflogenheiten, rückt keinen Zentimeter von ihnen ab, reagiert hochempfindlich auf die geringste Störung und macht sich – wie auch seinem Fotografen – das Leben dadurch extrem schwer.

Doch auch der Wespenbussard kommt mittlerweile in Bedrängnis. Er kann seine Fress- und Lebensgewohnheiten gar nicht anpassen, er braucht nun mal alte, intakte Wälder mit Baum- und Erdhöhlen, die von Hummeln und Wespen als Nester genutzt werden. Aber wo findet er sie noch, wenn fast überall schon nach wenigen Jahren gerodet wird? In jungen Wirtschaftswäldern suchen Wildbiene, Wespe, Hornisse und Hummel vergeblich nach Orten für ihre Nester, und damit büßt auch der Wespenbussard seine Lebensgrundlage ein. Er ist daher selten geworden, während der Mäusebussard die Herrschaft über unseren Himmel angetreten hat.

Einige Etagen tiefer allerdings hat er nichts mehr zu sagen. Von den Baumwipfeln abwärts gelten andere Gesetze, da herrscht ein raueres Klima, denn der Wald ist das Reich des Habichts, und der kennt kein Pardon.

Größer als ein Bussard ist er nicht. Seine Flügelspannweite ist sogar um zwanzig bis dreißig Zentimeter kürzer. Trotzdem steht der Bussard durchaus auf der Speisekarte des Habichts, und man glaubt es sofort, wenn man sich den ausgestopften Habicht in meinem Bauwagen aus der Nähe betrachtet: dieser finster-entschlossene Gesichtsausdruck, der kräftige Körperbau, die großen, ungemein starken Fänge, der vorgereckte Hakenschnabel – dieser Vogel ist die perfekte Verkörperung des Jagdinstinkts. Bei dem gibt es kein Zögern. Der sitzt im Baum, spekuliert auf die größte Beute, die er schlagen kann, und wenn er sie entdeckt, heißt es bloß noch losschießen und draufstürzen. Und sollte ihm eine

Gesund gepflegter Waldkauz. Abschied vor der Auswilderung.

Deshalb heißt er Gänsesäger: Seinen Sägezähnen entgeht kein Fisch.

Um diese große Beute streiten sich gleich mehrere Gänsesäger. (Weibchen mit braunem Kopf).

Enten und Gänsevögel haben einen Seihschnabel.
Bei diesem Höckerschwan schön zu sehen.

Wasseramsel bringt Futter für das ausgeflogene Jungtier.

Lautstarker Sänger: der Buchfink

Vielen Menschen ist er eher unbekannt: der Fichtenkreuzschnabel

Der weibliche Gimpel ist schlicht grau gefärbt.

Das Männchen ist farbenprächtig. Die schwarze Kopfplatte haben beide. Weshalb er im Volksmund Dompfaff genannt wird.

Unverkennbar kräftiger Schnabel: der Kernbeißer

Liebt Sämereien und Grünzeug: der Stieglitz

Rotkehlchen mit Insekten für die Jungtiere

Trotz seiner geringen Größe an Mut kaum zu überbieten:
der Zaunkönig, mit hocherhobenem Stoß (Schwanz).

Tannenmeise im eisigen Winterwald

Das winzige Wintergoldhähnchen beim Schnee »trinken«

ebesspiel. Grünfink bei der Übergabe eines »Brautgeschenkes« (Sämerei). Das zweite Männchen im Hintergrund hat das Nachsehen.

Turmfalke mit gerade erbeuteter Maus

Die Maus wird meist während des Fluges mit einem gezielten Biss in den Nacken getötet.

Wenn er sich sicher fühlt, wird die Maus auch mal an Ort und Stelle verspeist. Hier zu sehen.

ıchmal gibt es Freundschaften, die lange anhalten. Turmfalke besucht mich.

Braucht abwechslungsreiche, natürliche Wälder und Freiflächen: der Wespenbussard

Überraschungsjäger auf der Lauer: der Sperber

Blindschleichen bei der Paarung

Hermelin im Winterfell verfolgt eine Schermaus.

Jagderfolg. Die Schermaus ist erlegt.

Stolz präsentiert es mir seine Beute.

Aus 2 Meter Entfernung: Hermelin im Sommerfell

Immer wieder verschaffen sich Hermeline einen besseren Überblick und machen »Männchen«.

Unbezahlbare Momente. Noch einmal blickt mich der Luchs an, bevor er im Wald verschwindet.

Glasscheibe dazwischenkommen ... Nun, da denkt der Habicht nicht anders als der Sperber: Schnurzegal, dann bin ich eben tot – aber die Scherben sind von mir! Ein jagender Bussard wirkt dagegen wie ein Habicht im Altersheim.

Schade, dass man diesen tollkühnen Jäger höchstwahrscheinlich niemals bei der Arbeit zu Gesicht bekommen wird; nicht von ungefähr wird er das Phantom des Waldes genannt. Aber es gibt einen Film mit dem Titel »Habicht schlägt Hasen«, den man auf YouTube findet und der den Angriff eines Habichts auf einen ausgewachsenen Feldhasen zeigt. Der Hase sitzt gerade nichts ahnend am Waldrand, als der Habicht wie ein Torpedo angeschossen kommt und sich in seinem Nacken verkrallt. Jetzt ist ein Feldhase ein starkes Tier, mit krallenbewehrten Pfoten, die schmerzhafte Schläge austeilen können. Mit gut einem Kilo Gewicht ist der Habicht obendrein eine halbe Portion, verglichen mit diesem Hasen, der mindestens das Dreifache auf die Waage bringt. Und natürlich wehrt sich der Hase jetzt, macht die tollsten Luftsprünge, versucht in panischer Angst, seinen Peiniger abzuschütteln, aber es ist hoffnungslos, er hat nicht die Spur einer Chance. So heftig sein Todeskampf ist, nach ganzen zwölf Sekunden ist er auch schon vorbei, denn bis dahin haben ihm die dolchartigen Klauen des Habichts Schlagader und Luftröhre zerfetzt. Abschütteln lässt sich ein Habicht sowieso nicht. So grimmig er dreinschaut, so grimmig schlägt er zu, und an Entkommen ist nicht zu denken.

Hasen, Kaninchen, Hühner, Fasane – dem Habicht ist es egal, er erbeutet alles, jedenfalls sofern es sich um einen weiblichen handelt. Männliche Habichte wären mit Beutetieren solchen Kalibers überfordert, weil sie deutlich kleiner sind, beinahe halb so groß, und daher auf handlichere Beutetiere ausgehen, auf Amseln, Ringeltauben, Elstern und Eichelhäher zum Beispiel, die nach kurzer, rasanter

Verfolgungsjagd in der Luft erlegt werden. Und jetzt kommen ihm seine relativ kurzen Flügel zugute, denn der Habicht jagt im Wald.

Gut, ein Bussard käme dort gar nicht zurecht, er würde sich laufend im Geäst verheddern. Aber wenn man sich vorstellt, wie pfeilschnell ein Habicht seine Beute verfolgt, müsste eigentlich auch er im Wald bei jedem Angriff sein Leben auf Spiel setzen. Tatsache ist, dass er wirklich auf volles Risiko geht, dabei aber zwei entscheidende Vorteile ausspielen kann, nämlich seine relativ geringe Spannweite und seine fantastischen Reflexe. Wie beides zusammenwirkt, zeigt ein weiterer YouTube-Film mit dem Titel »Goshawk Flies Through Tiny Spaces«.

Wer im Wald mit hoher Geschwindigkeit auf gerader Linie jagt, bekommt es natürlich ständig und in schneller Folge mit Stämmen und Ästen zu tun. Dieser Film zeigt nun in extremer Zeitlupe, mit welcher traumwandlerischen Sicherheit ein Habicht sich durch diesen Irrgarten hindurchmanövriert: Mit kurzen, schnellen Flügelschlägen nähert er sich im Affenzahn einer Astgabel, klappt kurz vorher die Flügel hoch, rauscht mit voller Geschwindigkeit hindurch und fliegt gleich danach mit gewohntem Flügelschlag weiter – das Ganze eine Sache von Sekundenbruchteilen. Und diese Astgabel ist kaum breiter als er. Der Habicht passt gerade so durch, aber er schaut nicht mal hin, er behält bei seinem rasenden Flug fortwährend den Vogel im Auge, den er verfolgt. Anecken tut er trotzdem nicht – das nenne ich geniale Millimeterarbeit.

Wie man sich denken kann, bringt er außerdem die entsprechende mentale Ausstattung für solche Husarenstückchen mit. Der nächste Film, auf den ich hier zurückgreife, sollte ursprünglich den allerersten Ausflug eines Adlerjungen zeigen. Die Filmleute hatten ihre Kamera zu diesem Zweck in der Nähe des Adlerhorsts installiert, wurden aber stattdessen Zeugen eines unvorhergesehenen, einzigartigen Naturschauspiels. Als nämlich die Eltern des Adlerjungen gerade den Horst verlassen hatten, tauchte mit einem Mal ein Habicht auf, peilte den Horst an, griff sich den Kleinen und flog mit ihm auf und davon! Das war natürlich nicht im Sinn des Filmteams, aber immerhin hatten sie den Trost, etwas absolut Außergewöhnliches dokumentiert zu haben … Wer auf YouTube nach »Goshawk kidnaps little eagle chick« sucht, kann sich davon überzeugen.

Ein tollkühnes Manöver. Aber Ängstlichkeit ist dem Habicht fremd. Er sieht seine Chance und schlägt zu, ohne zu zögern. Aber so geht es in der Natur – Nahrung ist Nahrung, und warum sollte es dem Adler besser als der Ringeltaube ergehen? Für den Habicht zählte jedenfalls nur, dass er seinen eigenen Küken an diesem Tag mit triumphierender Miene verkünden konnte: »Kinder, heute gibt's mal Adler.«

Eindeutig nützlich ist der Habicht, weil er eine kranke Krähe, einen kranken Feldhasen sofort erkennt. Ein Jäger tut das nicht und hat deshalb allen Grund, über ein Habichtpaar in seinem Revier froh zu sein. Ein Habicht bemerkt die kleinste Schwäche, und schon ist es um diese Krähe, um diesen Hasen geschehen, was für den Jäger natürlich bedeutet: Mein Bestand bleibt gesund.

Was nun meine eigenen Begegnungen mit diesem außergewöhnlichen Greifvogel angeht … Sie sind selten genug, aber einmal stieß ich durch Zufall auf einen Habicht, der eben eine Krähe erbeutet hatte. Zwanzig Meter vor mir machte er sich gerade daran, sie zu rupfen, aber noch bevor ich die Kamera zücken konnte, flog er auf. Ich ging hin. Die Krähe war noch warm, sie hatte tatsächlich erst vor wenigen Minuten ihr Leben ausgehaucht, und ich hielt es für eine gute Idee, mir ein Versteck zu suchen. Der Habicht würde wohl zurückkommen, schließlich nehmen auch Mäusebussarde Aas an; manchmal umlagern sie einen

Kadaver zu einem Dutzend und mehr, wie Geier es machen, und ich freute mich schon auf die ersten vorzeigbaren Habichtbilder – aber nichts da, ich wartete vergebens, er kam nicht zurück. Für eine kalte Krähe interessierte er sich nicht mehr; offenbar kann er sich diese Verschwendung leisten. Wieder was gelernt.

Der einzige Ort, an dem Vögel vor den Nachstellungen des Habichts sicher sein können, ist merkwürdigerweise der engere Umkreis eines Habichtsnests. Tatsächlich beobachtet man häufig, dass ausgerechnet seine Lieblingsspeise, die Ringeltaube, in nächster Nachbarschaft des Habichts brütet. Was wie ein geplanter Selbstmord aussieht, ist allerdings wohlüberlegt, denn Habichte (wie auch Wanderfalken) jagen nicht in unmittelbarer Nähe ihrer Nester. Sie sind schlau genug, ihre Beute anderswo zu schlagen, um keine unerwünschte Aufmerksamkeit auf ihr Nest zu lenken. In ihrem eigenen Bezirk legen sie also plötzlich auf Ruhe und Ordnung Wert, und gefährdete Tiere haben das längst herausgefunden. Fünfhundert Meter vom Habichtsnest entfernt müssten sie um ihr Leben bangen, aber in der Nähe haben sie nichts zu befürchten.

Und ich? Würde ich zugreifen, wenn mir ein Habicht gebracht würde, um ihn zu pflegen oder großzuziehen? Passiert ist das noch nie. Bussarde, Falken, Sperber, alle haben schon Aufnahme in den Volieren am Bauwagen gefunden, aber ein Habicht hat noch nie vorbeigeschaut. Eins ist sicher: Mit den Fängen eines Habichts möchte ich keine Bekanntschaft machen. Ein Bussard verursacht höchstens ein paar Kratzer, aber ein Habicht könnte mir den Unterarm zerquetschen, der könnte mich zum Krüppel machen. Würde ich ihn trotzdem ohne Schutzmaßnahmen auf meinen Arm lassen? Bis jetzt habe ich jedes Tier mit bloßen Händen angefasst. Soll ich beim Habicht eine Ausnahme machen? Mal sehen. Wer weiß …

Denn – was könnte ich bis zur Auswilderung nicht alles über ihn lernen! Man stelle sich vor, ich würde ein Habichtküken von Anfang an begleiten, beobachten, studieren und irgendwann begreifen, wie dieser Bursche tickt – sollte es uns dann nicht möglich sein, halbwegs manierliche Umgangsformen zu entwickeln? Es käme auf einen Versuch an. Deshalb hoffe ich insgeheim doch, dass es irgendwann bei mir an der Haustür klingelt und jemand sagt: »Übrigens, ich habe hier einen Habicht für dich …«

12

Angriff mit dreihundert Stundenkilometern – Sperber und Falke

Greifvögel haben seit jeher das Pech, vom Menschen samt und sonders über einen Kamm geschoren zu werden. Greifvogel ist für sie Greifvogel, und wen kümmert es schon, dass der Turmfalke nur hinter Mäusen her ist, während der Sperber alles jagt, was Flügel hat, solange der Brocken nicht zu groß für ihn ist? Beide sind in etwa vom gleichen Format, also draufgehalten und abgedrückt. Meistens trifft es dann nicht den Sperber sondern den harmlosen Turmfalken, weil der in der Luft steht und rüttelt; so einen trifft man leichter. Dabei war es der Sperber, der die Tauben gefressen hat, der kleine Bruder des Habichts, genauso blitzschnell unterwegs wie dieser und deshalb kaum in Gefahr, von einem erzürnten Bauern erlegt zu werden.

Wie unterschiedlich die einzelnen Greifvogelarten sind, haben wir schon im letzten Kapitel gesehen. Wespenbussard und Habicht sehen beide für uns nach einem gefährlichen Beutegreifer aus, aber der eine ernährt sich von Wespenlarven, der andere genehmigt sich unter Umständen einen Wespenbussard. In diesem Kapitel will ich mir den Sperber, den Turmfalken und den Wanderfalken vornehmen, drei kleinere Greifvogelarten, die von Charakter und Verhalten her genauso verschieden sind, wobei ich mir den Sperber fast sparen kann, denn der ist tatsächlich in allem eine Miniaturausgabe des Habichts, ein genauso wilder Geselle und mit ähnlich zupackenden Fängen ausgerüstet. Auch im Erscheinungsbild gleichen die beiden einander: lange Schwanzfedern, eher kurze, dafür breite Flügel (beides entscheidend für die außerordentliche Wendigkeit des Sperbers), braunes Streifenmuster auf der hellen Brust, Krallen wie Spieße und stechender Blick. Selbst der enorme Größenunterschied zwischen Männchen und Weibchen ist der gleiche wie beim Habicht. Weil ich aber jetzt endlich eigene Erlebnisse beisteuern kann, möchte ich den Sperber nicht gleich wieder verabschieden.

Meine erste Sperbergeschichte spielt im Wald. Ich war stehen geblieben, um einen Fichtenkreuzschnabel zu beobachten, der gerade einen Fichtenzapfen bearbeitete. Das ist immer eine akrobatische Nummer, die lasse ich mir nicht entgehen, aber da saß noch ein zweiter, ein flügges Küken, weiter hinten auf diesem Ast, und bettelte. Offenbar hatte sein Vater beschlossen, ihn nicht mehr zu füttern – Zeit, dass der Kleine endlich erwachsen wird! –, und wie das so ist: Die Kinder versuchen es dann trotzdem noch zwei oder drei Tage, bevor sie kapieren, dass ihre Eltern es ernst meinen. Nun gut, er bettelte mit dieser unerbittlich quäkenden Kükenstimme, und sein Geschrei rief einen Sperber auf den Plan. Es ging dann, wie üblich, sehr schnell. Der Sperber schoss heran, riss im Flug den kleinen Fichtenkreuzschnabel mit, der quäkte noch zweimal mit ersterbender Stimme, und dann war Ruhe.

Man sieht: Es sind nicht unbedingt Tiergeschichten der herzergreifenden Art, die es von Sperber und Co. zu erzählen gibt. Auch mir tut der kleine Schreihals in diesem Augenblick natürlich leid. Aber so ist es nun mal: Da gibt es zwei, die satt werden wollen, und der eine hat Glück, der andere Pech. Und ich gönne dem Sperber sein Glück selbst dann, wenn er ein Eichhörnchen erbeuten sollte, das ich selbst am Bauwagen großgezogen und gerade eben erst in die Freiheit entlassen habe. So etwas kommt vor; aber, wie gesagt –

sobald ich den Wald betrete, schalte ich mein moralisches Urteilsvermögen aus.

Eine solche Begebenheit ist natürlich die Sache eines Augenblicks. Wenn einem nicht der Zufall zu Hilfe kommt, wird man dergleichen sowieso nie erleben. Bei meiner zweiten Begegnung aber hatte ich das Glück, frühzeitig auf den Sperber aufmerksam geworden zu sein, sodass ich ausnahmsweise mitbekam, wie sich sein Angriff anbahnte.

Meine Frau saß am Steuer, als wir durch ein Dorf in der Nähe von Bodenmais fuhren und ich aus dem Augenwinkel etwas vorbeiwischen sah, ein flüchtiges, unscharfes Bild, das mich trotzdem elektrisierte – warum, kann ich im ersten Moment nie sagen, aber ich reagiere sehr schnell auf Kleinigkeiten, hinter denen mehr stecken könnte. »Bleib stehen!«, sage ich zu meiner Frau. »Fahr noch mal zurück.« Sie kennt das, sie macht es, ich steige aus, und was sehe ich? Einen kleinen Garten mit Hühnern und einen Sperber auf einer Stange, der sich die Hühner von oben beschaut. Schön, denke ich, der lässt sich prima fotografieren, setze die Kamera an und überlege nebenbei: Was macht er da? Er ist kein Habicht. Die Hühner sind zu groß für ihn. Also, was soll das? Was hat er vor?

Natürlich wissen auch die Hühner, dass der Sperber sie nicht meinen kann. Sie kümmern sich gar nicht um ihn. Säße da ein Habichtweibchen, wäre Panik angesagt, aber so … Da fällt mir auf: Die Hühner müssen gerade gefüttert worden sein, es liegen Körner herum. Aha. Auch Spatzen lieben Körner. Also abwarten. Geduld haben. Und tatsächlich … Es dauert etwa zehn Minuten, da ist ein Spatz so unvorsichtig, das Angebot anzunehmen, und bezahlt seinen Leichtsinn sofort mit dem Leben. Jetzt sind die Hühner wieder unter sich. Die Beute will erst mal verzehrt sein, und ich könnte mir denken, dass der Sperber noch während des Zerrupfens eine Neuauflage dieser Nummer plant.

Aber wie raffiniert von diesem Sperber! Wie intelligent diese Vögel doch sind. Sie kombinieren und kalkulieren und bleiben cool – ihr Plan wird schon aufgehen, und dann geht er auch auf. Nebenbei gesagt: Ein anderer hätte wahrscheinlich ein Foto von diesem Sperber geschossen, mit einem Blick aufs Display erfreut zur Kenntnis genommen, dass das Bild scharf geworden ist, und sich gleich wieder davongemacht – vorausgesetzt, er hätte das Tier überhaupt bemerkt. Aber Eile ist immer ein Fehler. Wer etwas erleben will, darf nicht so schnell aufgeben. Ich nehme mir stattdessen Zeit, bleibe und warte und versuche herauszufinden, was im Kopf eines Sperbers vorgehen mag, der Hühner beobachtet, die ihn nicht das Geringste angehen. Tiere haben immer einen Grund, sie vergeuden weder ihre Zeit noch ihre Kräfte, also beschäftigt den Sperber etwas. Die Schulprobleme seiner Kinder werden es nicht sein. Wahrscheinlicher ist, dass seine Gedanken um Jagen, Beute machen und Fressen kreisen, Hauptsorge und Hauptvergnügen eines Sperbers. Also heißt es kombinieren und kalkulieren wie er und noch einmal genau hingucken, die Umgebung absuchen – was sieht er, was mir bisher entgangen ist? Die Körner? Die Körner! Beliebt bei Singvögeln, für die nun wiederum der Sperber eine Schwäche hat. So, ich habe ihn durchschaut; meine Frau im Auto wird noch warten müssen …

Und jetzt eine kurze Verbeugung in Richtung Wissenschaft. Die fasst alle bisherigen Greifvögel – Bussard, Habicht, Sperber – in eine Kategorie zusammen und nennt sie die »Habichtartigen«. Wer nach Ansicht der Wissenschaft nicht darunterfällt, sind die Falken. Bei denen hat man eine engere Verwandtschaft mit den Papageien festgestellt, was uns aber nicht bekümmern soll; für mich überwiegen die Ähnlichkeiten mit unseren übrigen Greifvögeln, deshalb finden in diesem Kapitel auch sie ihren Platz. Und damit kommen wir zu den Bisstötern. Den Falken.

Turmfalke und Wanderfalke haben selbstverständlich Gemeinsamkeiten, vor allem im Erscheinungsbild. Von der Größe her unterscheiden sie sich jedoch beträchtlich. Vor allem weibliche Wanderfalken können drei- bis viermal so schwer werden wie die fast taubengroßen Turmfalken.

Auch anhand der Färbung lassen sie sich relativ leicht auseinanderhalten, denn der Wanderfalke hat meist mittelgraues Deckgefieder und eine helle Brust mit grauen oder braunen Sprenkeln, während der Turmfalke hellbraunes Deckgefieder, dunkelbraune Flügelspitzen und eine sandfarbene, ebenfalls leicht gesprenkelte Brust besitzt. Auch im Jagdverhalten unterscheiden sie sich: Während der Wanderfalke Luftjäger ist, erbeutet der Turmfalke seine Beute, die vorwiegend aus Mäusen besteht, am Boden. Na ja, jedenfalls theoretisch. Wie die Praxis aussieht, will ich in meiner ersten Geschichte erzählen. Es ist eine Turmfalkengeschichte.

Turmfalken sind einigermaßen leicht zu fotografieren. Klar, Vögel machen es einem immer schwerer als Säugetiere, aber erstens ist der Turmfalke nicht selten, und zweitens steht er bei der Mäuse-, Eidechsen- oder Heuschreckenjagd oft wie angewurzelt in der Luft. Man kann ihm dann minutenlang dabei zusehen, wie er rüttelt, wie er mit schnellem Flügelschlag seine Position in der Luft hält und währenddessen mit scharfem Blick das Geschehen am Boden verfolgt. Bisweilen klappt er auch kurz die Flügel ein, lässt sich fallen, überbrückt auf diese Weise geräuschlos zehn oder zwanzig Meter und rüttelt in geringerer Höhe weiter, bevor er zum Sturzflug übergeht, weil es tatsächlich eine Maus war und kein Blatt.

Also endlich mal ein Greifvogel, der einen zuschauen lässt. Folglich habe ich schon Hunderte von Turmfalkenbildern geschossen, beim Rütteln, im Sturzflug. Aber nie war es mir gelungen, einen fliegenden Turmfalken mit einer Maus in den Fängen zu fotografieren – entweder war der Typ in die falsche Richtung davongeflogen, oder das Gegenlicht hatte mir einen Strich durch die Rechnung gemacht, oder ich hatte einen trüben Tag erwischt, an dem der Falke nur im Umriss zu erkennen war. Solche Bilder kann man sich nicht schönreden, sie taugen einfach nichts, deshalb war ich hocherfreut, als ich an einem richtig schönen Sommertag, auf dem Weg zu meiner bevorzugten »Hirschgegend«, einen Turmfalken über einer Wiese in der Thermik stehen sah. Ich stieg aus. Die Lichtverhältnisse waren perfekt. Ich konnte wunderschöne, scharfe Bilder von ihm machen. Zwei weitere Turmfalken flogen in etwa hundert Metern Höhe ebenfalls dort herum, und ich wusste: Die Chancen für das langersehnte Bild sind heute größer denn je.

Nun, es verging einige Zeit. Plötzlich aber schoss einer herunter, vielleicht fünfzig Meter entfernt, hatte offenbar Glück, machte Beute – und schlug mit einer Maus in seinen Fängen meine Richtung ein! Jetzt hieß es schnell sein, den fliegenden Vogel in den Sucher holen, die Schärfe ziehen und auslösen … Geschafft. Sogar im günstigsten Licht. Einen Turmfalken, der eine erbeutete Maus wegträgt, hatte ich damit im Kasten. Aber jetzt packte mich der Ehrgeiz. Ich wollte mehr. Ich wollte auch noch den tödlichen Biss in der Luft einfangen. Also weiterwarten. Drauf spekulieren, dass Geduld belohnt wird.

Eine Dreiviertelstunde später passiert's. Ein Turmfalke mit einer Maus fliegt genau auf mich zu. Und die Maus zappelt. Das mögen Turmfalken nicht, eine zappelnde Maus erschwert die Navigation, und ich ahne: Jetzt kommt das Bild des Monats. Durch mein 600er-Objektiv ist er glasklar zu erkennen, und tatsächlich – der Turmfalke schaut kurz zur Maus runter, blickt wieder auf, vergewissert sich, dass der Weg frei ist, zieht dann die Fänge mit der Maus nach vorn, beugt den Kopf rasch ein zweites Mal hinunter und tötet sie mit einem einzigen, gezielten Biss in den Nacken. Und ich hab's. Ich habe dieses ganz, ganz seltene Foto geschossen.

Man sieht: Die Bezeichnung Luftjäger trifft auf den Turmfalken nicht zu. Nur in seltenen Ausnahmefälle schlägt er z.B. junge Vögel in der Luft. Manchmal werden auch Insekten in der Luft erbeutet und sogar während des Fluges verspeist. Ein kleiner Snack zwischendurch sozusagen. Meist jagt und tötet er aber auf die beschriebene Weise. Mit seiner Lieblingsbeute, den Mäusen, erübrigt sich auch jede andere Jagdmethode von selbst. Ein Bisstöter hingegen ist er auf jeden Fall. So schwach, wie seine Fänge sind, könnte er nicht einmal eine Maus mit seinem Krallendruck schnell genug töten, weshalb größere Beutetiere für den Turmfalken überhaupt nicht infrage kommen – er könnte sie nicht einmal festhalten, und zum Beißen käme er in der Hektik des Kampfes schon gar nicht. Mit Mäusen oder Singvögeln aber wird er auch in der Luft blitzschnell fertig, weil sein Schnabel genau dafür gemacht ist.

Zum einen nämlich besitzt jeder Falke einen ausgeprägten Hakenschnabel, dessen obere Hälfte deutlich länger als die untere ist. Zum anderen befindet sich an der Kante seines Oberschnabels ein Zacken, den kein anderer Greifvogel besitzt, der sogenannte Falkenzahn – eine Art eingebauter Dosenöffner, der sich zusätzlich in den Nacken des Beutetiers bohrt. Ein Turmfalke muss also im Flug nicht lange ziehen und reißen oder mehrmals zubeißen – es reicht eine schnelle Kopfbewegung nach unten, und die Maus ist augenblicklich tot.

So viel zum Turmfalken. Und jetzt zu einem Falken, der alles, fast alles anders macht, dem Wanderfalken. Er ist ein echter Luftjäger, aber ein Bisstöter ist er nur im Ausnahmefall.

Was sich am Boden tut, interessiert ihn kaum. Geht da unten ein Haselhuhn spazieren, kriegt er's wahrscheinlich gar nicht mit. Fliegt es aber auf, wird er hellwach, denn der Wanderfalke macht den gesamten Luftraum unsicher. Der ist sein Reich, und hier herrscht er uneingeschränkt. Oft greift er von oben an, kommt bisweilen aber auch von hinten, nutzt dabei den toten Winkel und jagt gelegentlich sogar paarweise. Männchen und Weibchen verfolgen dann eine gemeinsame Strategie: Der eine sorgt dafür, dass der Beutevogel nicht ausweichen kann, der andere verfolgt ihn und schlägt zu. Seine größte Stärke ist dabei gleichzeitig seine größte Schwäche.

Denn der Wanderfalke setzt auf Geschwindigkeit. Er ist der schnellste Vogel der Erde, er bringt es auf dreihundert Stundenkilometer und mehr, er stürzt, die Flügel angewinkelt, den ganzen Körper in Torpedoform gebracht, im sogenannten Steilstoß auf einen tiefer fliegenden Vogel hinab, und wer ihn nicht rechtzeitig bemerkt, ist erledigt – bei dieser Geschwindigkeit werden seine tausend Gramm zu Zentnern, und in den meisten Fällen reicht die Wucht des Aufpralls, um die Beute zu töten. Alles geht so schnell, dass der Wanderfalke die Beute nicht gleichzeitig auch noch packen kann, sein Bremsweg ist logischerweise beträchtlich, aber dann dreht er um und fängt die taumelnde Beute in der Luft auf. So er sie denn getroffen hat.

Das ist längst nicht immer der Fall. Krähe, Taube, Fink und Star kennen ihn ja, und wenn sie ihn rechtzeitig entdecken, wissen sie sich zu helfen: Sie beginnen, in engen Kreisen zu fliegen, und darauf kann der Wanderfalke im pfeilschnellen Sturzflug nicht reagieren. Wie soll er einen kreisenden Vogel anpeilen? Kurzfristige Richtungskorrekturen sind bei dieser Geschwindigkeit jedenfalls nicht mehr möglich. Mit List kann man sich also selbst einen der genialsten Flieger vom Leibe halten.

Kein Greifvogel ist unfehlbar. Auch Habichte und Sperber haben eine recht hohe Ausfallquote, weil sie immer wieder zu ungestüm vorgehen; mitunter brechen sie sich selbst dabei das Genick. Aber nehmen wir an, der Wanderfalke hat seine Beute nach dem Aufprall in der Luft aufgefangen. Sollte sie nur benommen sein, ist nun der tödliche Biss fällig, aber in der Regel überlebt sie den Zusammenprall nicht, und jetzt geht's zum Kröpfplatz. Dort liegen die Federn zahlloser Tiere, die er getötet hat, in einem chaotischen Wirrwarr herum, denn alles, was er nicht verwerten kann, bleibt liegen. Hier rupft er seine Beute, hier zerlegt er sie und frisst sie auch, sofern er keine Küken zu versorgen hat. Hat er aber Nachwuchs, wartet der meist ganz in der Nähe, denn wie jedes Tier scheut auch der Wanderfalke unnötige Wege und legt seinen Kröpfplatz meistens so an, dass er's zum Nest nicht weit hat. Alles in allem könnte man sagen: So heißblütig wie Habicht und Sperber ist der Wanderfalke nicht, dafür aber ein atemberaubender Jäger, ein glänzender Stratege und gut organisiert.

Und das waren sie, die wilden Kerle der Lüfte. Alle sind ausgesprochen eigenwillige Charaktere, jeder hat seinen eigenen Stil. Wenn ein Bussard jagt, wundert man sich manchmal, dass er sich nicht zwischendurch eine Zigarette anzündet und einen Cappuccino bestellt; Habicht, Sperber oder Wanderfalke dagegen nehmen sich im Vorbeifliegen nicht mal für ein »Servus« Zeit. Was alle zusammen auszeichnet, ist strategischer Einfallsreichtum – liebenswerte Züge, gar Anhänglichkeit darf man bei ihrem Temperament hingegen nicht unbedingt erwarten. Trotzdem habe ich mit Turmfalken, die für eine Weile in meiner Obhut gewesen waren, eigentümliche Erfahrungen gemacht: Manche haben noch eine Zeit lang in der Nähe des Bauwagens gelebt, bevor sie für immer das Weite suchten, und einige sind nach ihrer Auswilderung sogar auf einen Freundschaftsbesuch zu mir zurückgekehrt. Aber davon habe ich schon in einem früheren Buch berichtet, deshalb behalte ich diese schönen Erinnerungen diesmal für mich. Lieben tue ich sie jedenfalls alle. In meinem Herzen nehmen die Greifvögel einen Ehrenplatz ein.

13

Die Krone der Schöpfung gehört zum Gerümpel im Keller

Ich habe den Wald immer geliebt. Solang ich denken kann, ist er gut zu mir gewesen. Er hat mir Geborgenheit geschenkt. Als kleiner Bub habe ich stundenlang im Wald gesessen und nachgedacht. Was mich mehr als alles andere beschäftigte, war das große Einvernehmen – zwischen den Menschen untereinander, aber auch zwischen Menschen und Tieren. Ich träumte von paradiesischen Zuständen, von dem schrankenlosen Miteinander aller Geschöpfe. Die Familie bedeutete mir sehr viel, aber insgeheim malte ich mir ein Glück außerhalb der Welt der Menschen aus. Ich wünschte mir, nicht das übliche Menschenschicksal zu teilen, in der Tierwelt verschrien zu sein. Ich stellte mir vor, von wilden Tieren freundlich geduldet zu werden. Ich hoffte, es wenigstens so weit zu bringen, dass sie nicht vor mir fliehen würden. Frieden zwischen Menschen und Tieren, das war für mich damals das höchste der Gefühle, der Inbegriff von Harmonie.

Von meinem fünfzehnten bis zu meinem fünfundzwanzigsten Lebensjahr geriet dieser Traum in Vergessenheit. Zehn Jahre lang habe ich mich bemüht, es den Menschen recht zu machen, mir unter ihnen Respekt zu verschaffen, perfekt zu sein. Mit einundzwanzig war ich Strongman, aber die Anerkennung hatte ich mir größer vorgestellt. Keiner wollte mich so ausgiebig feiern, wie ich es mir gewünscht hatte, und kein Erfolg machte mich so glücklich, wie ich es im Wald gewesen war. Als ich endlich kapierte, dass man nie zu einem Ende kommt, wenn man allen gefallen will, hat es bei mir klick gemacht. Ich habe den Kraftsport an den Nagel gehängt, habe meinen Kindheitstraum wieder vom Haken genommen und geschaut, dass ich so viel Zeit wie möglich im Wald verbringe.

Jetzt gab es ein Problem: Ich konnte mich mit keiner Arbeit anfreunden. Nicht, dass ich nicht arbeiten wollte, aber es machte mich nicht glücklich. Mir fehlte jeglicher Ehrgeiz. Außerdem konnte ich es nicht leiden, wenn hinter mir die Tür ins Schloss fiel. In einem geschlossenen Lagerraum bekam ich Zustände. Während der Arbeit nicht an die Arbeit denken zu müssen, das war mein Ideal, und es ließ sich tatsächlich verwirklichen, nämlich als Angestellter eines Bestattungsunternehmens, als Totengräber.

Und ich war ein glücklicher Totengräber. Häufig kam ich zu spät zur Arbeit, aber das war nicht schlimm, wir hatten eigentlich keine festen Arbeitszeiten, und mein Chef fragte mich dann bloß: »Woife, was hast wieder g'sehn?« Na ja, wahrscheinlich ein Reh. Einmal war ich auf dem Weg zur Arbeit, da stand ein Rehkitz in der Wiese. Ich habe angehalten und bin langsam drauf zugegangen, und am Ende hat es mich bis auf zehn Meter herangelassen. Ich habe mich zu ihm gesetzt und den Augenblick genossen und die Zeit vergessen. Die Arbeit konnte mir in solchen Momenten gestohlen bleiben.

»Mei, so isser halt«, pflegte mein Chef zu sagen. Wenn wir ein Loch ausgehoben hatten, und es waren noch drei Stunden bis zur Beerdigung, bin ich mit der Brotzeit und meiner Kamera gleich vom Friedhof in den Wald gefahren. Ich war mit der Umgebung sämtlicher Friedhöfe im Umkreis von Zwiesel bestens vertraut. Meine Kollegen kannten mich ja, die wussten: Den kann man nicht einsperren. Den kann man auch nicht in die richtige Bahn lenken. Der ist wie seine Tiere … Wenn sie's mir verboten hätten, wäre ich gegangen. Aber sie waren klug genug, mir meinen Willen und meine Freiheit zu lassen.

Heute sind die Tiere zu meinem Lebensinhalt geworden. Ich habe meinen Bauwagen, ich ziehe das ganze Jahr über Tiere auf, ich verbringe viel Zeit im Wald, ich bin den Tieren so nah wie möglich, und das heißt: Ich lebe so, wie ich es mir als Bub erträumt habe. Und wenn mich jetzt einer fragt, was genau ich an wilden Tieren finde – an Wesen, die von uns nichts wissen wollen, die uns nichts sagen und nichts angehen, mit denen wir folglich gar nichts anfangen können, es sei denn, sie landen auf unserem Teller –, dann sage ich: Stimmt. Sie wollen von uns nichts. Wir sind ihnen schnurzegal. Die Krone der Schöpfung kann ihnen gestohlen bleiben. Aus Sicht der wilden Tiere sind wir bedeutungslos, völlig überflüssig, allenfalls lästig. Sie teilen nicht unsere Meinung über uns. Sie halten uns nicht für großartig. Aber – ist das nicht faszinierend? Sie können auf uns verzichten. Sie kommen ohne uns klar. Was für ein stolzes Selbstbewusstsein, was für eine innere Unabhängigkeit, was für eine Freiheit! Und solche Wesen sollten uns nichts angehen? Von solchen Wesen sollten wir nichts lernen können?

Die ganze Natur strotzt vor Lebensmöglichkeiten. Bloß weil wir nur unsere eigene, eng begrenzte menschliche Lebensform kennen, glauben wir, es wäre die einzig richtige. Aber unsere Lebensform ist nur eine von unzähligen Lebensmöglichkeiten, und alle sind sie erfolgreich. Tiere genauso wie Pflanzen praktizieren ihre Lebensformen schon viel länger als wir, teilweise viele Millionen Jahre länger, und haben sich zu Überlebenskünstlern entwickelt – so wie jene Buchen im Hochwald, auf zwölfhundert Metern Höhe, die ganz anders ausschauen als Laubbäume weiter unten.

Leute, die ich dorthin führe, finden diese Buchen faszinierend, weil deren Äste nur in eine Richtung wachsen.

Klar sieht das komisch aus. Aber dort oben weht der böhmische Wind, wie wir ihn nennen, weil er von Osten kommt. Im Oktober, spätestens im November legt er los, und dann bläst es da oben eisig bis in den Mai hinein. Wenn diese Buchen überleben wollen, dürfen sie dem Wind keinen Widerstand entgegensetzen. Also passen sie sich an, lassen ihre Äste nur in eine, nämlich die Windrichtung wachsen und behaupten sich auf diese Art gegen eine Macht, der sie ansonsten wehrlos ausgeliefert wären. Dass sie komisch aussehen, ist diesen Buchen egal – ihre Form ist der Preis für ihre Freiheit.

Haben uns diese Bäume etwas zu sagen? Mir ja. Zu mir sprechen sie ungefähr so: »Ich muss nicht alles bekämpfen, was mir nicht passt. Damit mache ich mich kaputt.« Es gibt Lebensumstände, auf die wir keinen Einfluss haben, und Widerstand ist dann kein Zeichen von Heldenmut, sondern von Dummheit. Warum sich über Dinge ärgern, die wir nicht ändern können? Warum unsere Freiheit nicht dadurch bewahren, dass wir uns klug an die Gegebenheiten anpassen? Wie viele Menschen kommen sich heroisch vor, wenn sie sich das Leben kompliziert machen und immer genau das Gegenteil von dem tun, was der andere tut? Von Fall zu Fall mag das richtig sein, aber als Lebenseinstellung kann es fatal sein.

In der Natur reibt sich jedenfalls niemand in sinnlosen Kämpfen auf. Kein Baum sagt: »So, jetzt zeig ich's dir, du böser böhmischer Wind – jetzt lasse ich meine Äste erst recht in alle Richtungen wachsen!« Das Ende vom Lied wäre: Mit seiner Freiheit wäre es genauso bald vorbei wie mit seinem Leben. Die Natur geht unendlich viel klüger vor. In der Natur hält alles nach Möglichkeiten Ausschau, und alles entwickelt einen faszinierenden Einfallsreichtum, Möglichkeiten zu nutzen – aber immer im Einklang mit den Gegebenheiten, niemals als trotziges Aufbegehren gegen die herrschenden Lebensbedingungen. Und deshalb behaupten sich die Buchen dort oben auf ihrem ungastlichen Terrain; sie haben ihre Daseinsform gefunden und erfreuen sich ihres Lebens wie ihrer Freiheit.

Sich in Übereinstimmung mit seinen Lebensbedingungen entfalten – nach dieser magischen Formel richtet sich in der Natur alles. Auch Tiere passen sich an, auch sie machen schlicht das Beste aus ihrem natürlichen Lebensraum, ohne ihn umzukrempeln. Kein Tier will mit dem Kopf durch die Wand. Nie käme es auf die verrückte Idee, diesen Lebensraum verbessern zu wollen oder die Welt gar neu zu erfinden. Tiere sind bescheiden, sie gehen wohl davon aus, dass es da nichts zu verbessern gibt. Wo Tiere das Sagen haben, ist und bleibt die Natur intakt. Ist diese Selbstbeschränkung nicht eine Form von Weisheit? Und wenn wir Menschen diesem Vorbild schon nicht folgen können, sollten wir diese Weisheit nicht wenigstens anerkennen?

Ich glaube, es gäbe viel zu lernen, von Tieren, von Bäumen, von der Schöpfung insgesamt. Wenn wir nur hinsehen würden. Wenn wir nur zuhören würden. Wenn wir uns nur nicht so unsäglich überlegen fühlen würden ... Wie reagieren meine Mitwanderer, wenn ich ihnen die klugen Buchen im Hochwald zeige? Sie bestaunen sie als eine Kuriosität. Sie holen ihre Kameras und Handys hervor und machen ein Bild nach dem anderen. Verrückt, sagen sie, was sich die Natur so alles einfallen lässt ... Ja, gut. Aber sie sind mehr als eine Kuriosität. Ich jedenfalls denke gern an diese alten Bäume dort oben. Sie kämpfen auch, aber sie kämpfen klug; sie überleben lieber, als sich schwarzzuärgern und in einer sinnlosen Revolte unterzugehen.

Alle Erkenntnis beginnt mit dem Staunen? Ich möchte gern daran glauben. Aber müssten wir nicht die ganze Zeit staunen? Dürften wir aus dem Staunen überhaupt noch herauskommen angesichts dieser Welt dort draußen, in der uns alles vormacht, dass es auch anders geht? Allein diese Tatsache, dass es auch anders geht, ist doch ein Grund zum Staunen, zur Faszination. Mich zumindest überkommt diese Faszination ein ums andere Mal, sooft ich von der Seite der Menschen auf die Seite der Tiere wechsele, und was mich dann am tiefsten beeindruckt, ist die Freiheit, der ich dort begegne.

Schon im Altertum fanden die Menschen, wenn sie sich umschauten, dass es mit der Freiheit unter den Menschen nicht weit her war. Wahre Freiheit fanden sie im Tierreich, denn dort lebt es sich ohne Vorschrift, Verbot und Gesetz, und kein Tier braucht eine Genehmigung einzuholen, keines muss für andere Sklavendienste leisten, keines lässt sich gegen seinen Willen zu etwas zwingen. Jedes Tier ist Herr seiner selbst. Ich empfinde genauso. Ich liebe die Freiheit, die im Tierreich herrscht. Sie ist einer der Gründe, warum ich mich eher mit Tieren als mit Menschen identifizieren kann. Wahrscheinlich bin ich in dieser Hinsicht extrem, aber an der Welt der Menschen missfällt mir vieles, ganz im Gegensatz zum Tierreich, an dem ich nichts, rein gar nichts auszusetzen habe. Mit tausend Regeln, Vorschriften und Gesetzen haben wir Menschen uns einen goldenen Käfig geschaffen. Selbst unsere Wohnstätten, unser Häuser sind kleine Gefängnisse, wir leben hinter Mauern und Zäunen, wir sperren uns ein, und bei der Arbeit sind die meisten von uns Befehlsempfänger, gehorsame Diener ihrer Artgenossen, die mit mehr Macht ausgestattet sind als sie selbst.

Was wir den Ernst des Lebens nennen, ist in Wirklichkeit der Verlust der Freiheit, die wir als Kinder genossen haben. Die zivilisierte Freiheit, die uns stattdessen geboten wird, kommt mir wie eine Karikatur von Freiheit vor, weil ihr auch der letzte Rest jener Wildheit fehlt, den es zur Freiheit braucht. Tiere jedenfalls würden an unserer Freiheit eingehen. Sperr ein Tier ein, und du nimmst ihm seine herrliche Unbekümmertheit, seine Lebenslust und seinen Lebenssinn, mithin alles. Übrig bliebe Melancholie und tiefe Traurigkeit.

Es ist doch kein Wunder, dass wir uns nur im Freien frei fühlen. Ein Eichhörnchen fragt nicht, ob es den Baum rauf- oder runterklettern darf oder ob es in Ordnung ist, wenn es von einem Ast zum anderen springt. Es tut es einfach. Wie frei muss sich ein solches Geschöpf fühlen! Und wir Menschen setzen uns immer neue Grenzen, erlegen uns immer weitere Beschränkungen auf, unterwerfen uns selbst im Denken und Reden immer neuen Tabus – als könnten wir auf Freiheit auch gut und gern verzichten. Ist das ein Zeichen von hoher Intelligenz?

Und dann schaue man sich an, was wir uns gegenüber der Schöpfung herausnehmen. Was wir uns gegenüber Geschöpfen herausnehmen, denen Freiheit offensichtlich über alles geht. Wäre nicht allein die Freiheitsliebe dieser Geschöpfe ein Grund, sie mit Ehrfurcht zu behandeln und sie zu achten, vielleicht sogar zu lieben? Ja, natürlich, wir sind die Krone der Schöpfung. Woher wissen wir das? Vielleicht ist der Marder die Krone der Schöpfung, und wir haben's nur noch nicht bemerkt? Oder wir lassen das mit der Krone der Schöpfung einfach sein. Wer sagt denn, dass sie auf unseren Kopf gehört? Dass sie beim Gerümpel im Keller nicht besser aufgehoben wäre? Wahre Überlegenheit beweist sich jedenfalls nicht darin, dass man auf Schwächeren herumtrampelt. Sie zeigt sich daran, dass man Schwächeren wieder auf die Beine hilft.

Aber – so sagen diejenigen, die an der menschlichen Überlegenheit festhalten möchten – wir haben die Nächstenliebe und die Solidarität und das Mitgefühl für uns gepachtet. Tiere lassen sich nur von ihrem instinktiven Lebenswillen leiten, Menschen aber können über sich hinauswachsen und sich für eine gute Sache aufopfern.

Ja, das kommt unter Menschen vor. Selbstlosigkeit würde in der Tat weder einem Habicht noch einem Hasen einfallen. Aber dafür sind Tiere nicht bösartig. Ich habe noch keinen Luchs gesehen, der Massentierhaltung betreibt oder Tiere als Schlachtvieh durch halb Europa fährt – von schlimmeren Entgleisungen gar nicht zu reden. Und Tiere sind noch nicht einmal nachtragend.

Wenn ich einer Bache mit Frischlingen zu nahe komme, kann's für mich gefährlich werden. Einmal habe ich mich einer Wildschweinfamilie regelrecht aufgedrängt, weil ich unbedingt Fotos von ihr machen wollte, und plötzlich stand die Bache vor mir – hocherregt, richtig wütend, weil's um ihre Kinder ging. Aber ich brauchte nur die weiße Fahne zu hissen und ein paar Schritte zurückzutreten, schon war sie wieder friedlich. Hält man den Sicherheitsabstand ein, ist aller Ärger im nächsten Augenblick vergessen. Wäre es mit Menschen nur genauso einfach! Dann müsste ich bloß fünf Schritte zurücktreten, und alle Aggression wäre im selben Moment verpufft. Wäre das ein Rezept für den ewigen Frieden auf Erden?

Zum Schluss aber eine Warnung. Man kann sie auch als Gebrauchsanweisung für dieses Buch lesen: Der Woid Woife, der hier spricht, ist der Leck-mich-am-Arsch-Typ. Finanzielle Sicherheit hat ihm noch nie etwas bedeutet. Titel und Positionen sind ihm wurscht. Er wollte nie Obertotengräber werden, und noch nie hat ihn jemand zu irgendetwas zwingen können. Wäre er dazu verurteilt, in einer Großstadt zu leben, würde er wahrscheinlich unter der Brücke schlafen. Staat ist mit ihm also nicht zu machen. Es ist daher nicht auszuschließen, dass die Natur bei ihm viel zu gut wegkommt.

14

Was Tiere sehen, wenn sie uns sehen

Welches Tier ich am liebsten wäre? Gar keins. Ich bin mit meiner menschlichen Gestalt recht zufrieden.

Aber wenn ich unbedingt ein Tier sein müsste … Nein. Egal. Ich will einfach nicht. Es ist ein hartes Leben. Der eine muss unentwegt jagen, der andere ständig auf der Hut sein und selbst der Hirsch damit rechnen, erschossen zu werden – nein, ich begrüße dankbar die Tatsache, dass ich als Mensch auf die Welt gekommen bin. Hätte ich jedoch nun wirklich keine andere Wahl, käme für mich nur ein Tier im oberen Drittel der Durchsetzungsfähigkeits-Skala infrage. Also nicht die Maus. Ein Bär? Ja, das wär's. Ein Grizzly. Der schleppt im Herbst dreihundertfünfzig Kilo mit sich herum, verschläft dann die kalte Jahreszeit, hat beim Verlassen der Höhle im Frühjahr seine Idealfigur erreicht und kann sich bis zum nächsten Winter wieder hemmungslos vollfressen – dieses Leben würde mir gefallen. Einziger Nachteil: Ich wäre in Bodenmais nicht mehr gelitten.

Aber gehen wir davon aus, es bliebe bis auf Weiteres bei meinem jetzigen Erscheinungsbild mit Bart und Hut. In diesem Fall könnte ich weiterhin die Vorteile beider Daseinsformen miteinander verbinden und, so oft ich will, meiner halbanimalischen Lebensweise frönen. Mein Eindruck ist sowieso: Manche Tiere machen inzwischen schon gar keinen Unterschied mehr, denen ist ziemlich egal, in welcher

Gestalt ich mich zeige. Bilde ich mir das vielleicht nur ein? Keineswegs. Den Beweis dafür lieferte mir eines schönen Tages ein Reh.

Ich saß mitten in einer Waldwiese, gut sichtbar, aber wie üblich mit reduzierter Motorik. Weiter links äste friedlich eine Ricke mit ihren beiden Kitzen. Auf der anderen Seite tauchte ein Feldhase auf, der gleich anfing, konzentriert vor sich hin zu mümmeln. Plötzlich stieß die Ricke einen Angstschrei aus, ihre Kitze gingen sofort im Unterholz in Deckung, und sie selbst legte ein seltsames Gebaren an den Tag: Ihr Körper schien den Rückzug antreten zu wollen, während ihr Hals sich weit nach vorn reckte, so als wüsste ihr Vorderteil nicht, was ihr Hinterteil wollte. Aber ihre Augen waren nicht auf mich gerichtet. Sie schaute an mir vorbei, machte zwei, drei vorsichtige Schritte nach vorn, sprang wieder zurück, ließ sich dann von ihrer Neugier doch in die Wiese hineinziehen, und mir wurde klar: Nicht ich, der Hase war das Problem.

Offenbar konnte sie ihn nicht identifizieren. Solange sie keine Klarheit gewonnen hatte, blieb ihr dieser Fremdling unheimlich, und sie tastete sich Schritt für Schritt vor, während sie dem ebenfalls anwesenden Menschen keinerlei Beachtung schenkte. Den Hasen wiederum ließen beide völlig kalt, der Mensch wie das Reh, er fraß einfach ungerührt weiter, und es dauerte mehrere Minuten, bis die Ricke endlich Entwarnung gab – aha, Feldhase, folglich ungefährlich. Die Kitze kamen zurück, und damit war das friedliche Einvernehmen sämtlicher Beteiligter auf dieser Wiese wiederhergestellt. Anschließend aber sind mir doch einige Gedanken durch den Kopf gegangen. Wie kommt es, habe ich überlegt, dass diese erfahrene Ricke um einen Feldhasen solchen Wirbel macht, den Menschen aber, der zufällig ebenfalls dort herumsitzt, als harmlos einstuft? Wer oder was bin ich, wenn meine Identität den Tieren keine Rätsel mehr aufgibt?

Vielleicht erlaubt uns dieses Erlebnis Rückschlüsse darauf, mit welchen Augen uns Tiere ansehen, wie sie uns wahrnehmen und was für sie dabei zählt. Versetzen wir uns also einmal versuchsweise in ein wildes Tier wie diese Ricke hinein.

Unsere Gestalt scheint für sie keine Rolle zu spielen. Unser Aussehen macht uns noch nicht zu Fremdkörpern in ihrer Welt. Was das Äußere angeht, sind wir für sie offenbar nur ein weiteres Lebewesen unter Millionen anderen und somit nicht von vornherein verdächtig. Man kann vermutlich so weit gehen zu sagen: Tiere identifizieren uns nicht anhand unseres Erscheinungsbilds als Menschen. Nur wir verlassen uns auf unsere Augen, nur uns reicht schon die Körperform – Mund, Nase, Augen, Ohren, Stirn und Kinn, alles klar, kann nur ein Mensch sein.

Aber Tiere scheinen sich nicht damit zu begnügen. Auch sie werden die Körperform wahrnehmen, aber ihr keine große Bedeutung beimessen, weil das Aussehen allein noch nichts über den Charakter, das Wesen und die Absichten eines Gegenübers verrät. Was Tiere interessiert, ist weniger das äußere Erscheinungsbild als vielmehr die wahre Natur des anderen. Wie ist er drauf? Was hat er vor? Mit welchem Verhalten muss ich bei ihm rechnen? Kurz gesagt: Ist er gefährlich oder nicht? Will er mir was, oder fügt er sich anstandslos in meine Welt ein? Wie genau sie das herausfinden, weiß ich nicht, aber erst wenn diese Fragen beantwortet sind, wird sich ein Tier über die Identität eines anderen Lebewesens im Klaren sein. Und jetzt gibt dessen Form nicht mehr viel her. Jetzt kommt es vielmehr auf sein Verhalten und seine Körpersprache, seine Ausstrahlung und seine innere Verfassung an. Wenn man so will: auf seinen Kern.

Mit anderen Worten: Was du bist, interessiert Tiere nicht sonderlich. Sehr wohl aber wollen sie wissen, wer du bist. Letztendlich wird ihnen sogar völlig wurscht sein, ob du ein Mensch bist. Deinem Aussehen nach darfst du ruhig ein

Mensch sein. Aber deinem Wesen nach solltest du besser keiner sein, denn dann schrillen bei einem wilden Tier sämtliche Alarmglocken. Wo *wir* einen Menschen sehen, weil er wie ein Mensch aussieht, sehen Tiere nämlich den erbarmungslosesten Jäger unter der Sonne – nicht, weil er so aussieht, sondern weil er so wirkt, wenn man in seiner Seele liest.

Könnte es sich so verhalten? Nach meiner Erfahrung spricht nichts dagegen. Und was folgt nun daraus für mich und jeden anderen, der die Eingangskontrollen in dieses so andersartige Reich der Tiere passieren will?

Erstens: Ich brauche nicht unter die Gestaltwandler gehen. Ich brauche mich auch nicht als Hirschkuh verkleiden. Es genügt, auf das schrille Outfit eines Radsportprofis zu verzichten und Kleidung in gedeckten Farben zu tragen – nicht einmal mein aufrechter Gang wird dann zwangsläufig Anstoß erregen, vorausgesetzt, und damit komme ich zu Punkt zwei: vorausgesetzt, ich lege beim Betreten des Waldes nicht nur meine menschlichen Verhaltensweisen ab, ich entledige mich obendrein auch einer ganzen Reihe meiner menschlichen Eigenschaften. Sollte mir das gelingen, dann schaffe ich tatsächlich das beinahe Unmögliche und wirke in meiner Rolle als friedfertiges Mitgeschöpf überzeugend. Und in diesem Fall kann einem Reh ein Hase am Ende unheimlicher sein als ein Mensch.

Was die Sache allerdings erschwert, ist, dass ich diese Rolle nicht spielen darf. Tiere lassen sich, wie gesagt, nichts vormachen. Ich muss diese Rolle ausfüllen. An meiner Friedfertigkeit darf nicht der leiseste Zweifel bestehen. Außerdem muss völlig ausgeschlossen sein, dass ich es mir unter Umständen anders überlegen könnte. Alles dort draußen ist eine Frage der Glaubwürdigkeit – ist diese Frage aber zufriedenstellend geklärt, sind wilde Tiere bereit, auch einen Menschen unter sich zu dulden.

Nun sieht es ganz danach aus, als würden sie bei mir diese Ausnahme machen. Ich bin nicht ihr Artgenosse, ich bin nicht in ihre Welt hineingeboren, trotzdem behandeln sie mich nicht selten als ihresgleichen. Ich habe, über die Kapitel verteilt, bereits den einen oder anderen Grund dafür genannt; jetzt soll es um Verhaltensweisen gehen, die ich Tieren im Lauf der Zeit abgeschaut habe.

Vieles, was unter wilden Tieren üblich ist, bekommt man erst nach langer Beobachtung mit. Eine fundamentale Regel aber ist ganz offensichtlich: Wenn nicht gerade Brunft herrscht – die es ja mehr oder weniger heftig bei allen Säugetieren gibt (auch wenn sie je nach Tierart anders heißt) –, geht es im Wald gemütlich bis gemächlich zu. Jede Aufregung, alles Getriebensein, die ganze Atemlosigkeit der Menschenwelt ist wilden Tieren fremd. Vögel sind in der Regel lebhafter als vierfüßige Tiere, aber auch hier geschieht alles mit innerer Ruhe, völlig entspannt. Ab und zu unterbricht ein Fressfeind diese Ruhe, aber so plötzlich sie in Aufregung umschlägt, so rasch stellt sie sich anschließend auch wieder ein. Natürlich gibt es Abstufungen in der Bewegungsgeschwindigkeit – Hermelin und Eichhörnchen können sich nicht die souveräne Fortbewegungsart eines Rothirschs leisten, der wenig zu befürchten hat. Aber aufs Ganze gesehen ist Entspanntheit ein durchgehendes Merkmal dieser Welt, und da ich nicht in die Kategorie der Kleinlebewesen falle, tue ich gut daran, mich am Temperament einer äsenden Hirschkuh zu orientieren.

Folglich bewege ich mich auf meinen Streifzügen langsam. Ausgesprochen langsam und so lautlos wie möglich. Ich gehe nicht ans Handy, weil das sowieso ausgeschaltet ist, ich schaue auch nicht auf die Uhr, ich vergesse die Zeit und vermeide alles, was meine Umgebung in Unruhe versetzen könnte. Das Drehbuch schreibt an solchen Tagen die Natur, und daran ändert sich selbstverständlich auch nichts, wenn ich den Ort erreicht habe, an dem ich mich für die nächsten Stunden niederlasse.

Von meinem Dämmerzustand beim Warten habe ich schon gesprochen. Eigentlich ist es nicht mal ein Warten, ich erwarte nämlich überhaupt nichts, die Stunden dürfen meinethalben ereignislos verstreichen. Aber natürlich wäre auch ich nicht gegen die Ungeduld gefeit, gäbe es nicht die wunderbare Möglichkeit, das Zeitgefühl einfach auszuschalten. Was mache ich also?

Wahrscheinlich etwas Ähnliches wie die Tiere, die ja auch im Zustand völliger Entspannung keine Langeweile kennen. Aber im Unterschied zu Tieren kann ich mich nicht von einer Minute auf die andere in diesen Zustand versetzen, ich gleite stattdessen allmählich hinein. Anfangs bin ich hellwach. Ich suche meine Umgebung mit einem scharfen Blick auf Lebenszeichen hin ab. Ich lasse mein Radar kreisen und ziehe aus jedem fallenden Blatt meine Schlüsse. Dann aber, nach zwanzig Minuten etwa, werden die Signale der Außenwelt schwächer. Ich ziehe mich allmählich in mich zurück. Kein Gedanke funkt mehr störend dazwischen, große Ruhe überkommt mich, und dann gibt es nur noch mich und diesen Ort, den ich jetzt gerade im großen Weltganzen einnehme. Ich überlasse mich sozusagen der höheren Macht, die in der freien Natur waltet.

Ist es Trance? Es ist auf jeden Fall ein eigenartiger Zustand reiner Präsenz. Ich schalte meinen Willen weitgehend aus und lasse alles mit stoischem Gleichmut auf mich zukommen. Zwar registriere ich Bewegungen, ich registriere Geräusche, ich sage mir dann auch: Das eben war der und der Vogel …, bin also nach wie vor auf Empfang, kriege alles mit, aber nur wie nebenbei, zeichne gewissermaßen bloß noch automatisch auf, was akustisch und visuell um mich herum vorgeht, und lasse die Dinge im Übrigen geschehen, ohne zu reagieren. Sehr intensiv aber genieße ich es, wieder in der vertrauten Umgebung zu sein. Für mich ist es wie Heimkommen. Ich spüre: Da, wo du jetzt bist, möchtest du sein, nirgendwo sonst, und hin und wieder denke ich: Wenn dir in diesem Augenblick dein letztes Stündlein schlagen sollte, wär's schon recht. In einem solchen Moment, in dem du mit dir und der Welt so völlig zufrieden bist, könntest du wohl Abschied nehmen. Es ist mir dann auch, als würde dieser Zustand mein Gehirn reinigen.

Und so kann es stundenlang gehen. Ich schaue in die Welt, ohne sie groß wahrzunehmen, aber irgendwann öffnet sie sich, fast immer. Plötzlich geht eine Tür auf, ein Fuchs zeigt sich, ein Rehbock, ein Hermelin, das kriege ich sehr wohl mit, und dann gibt es für mich nur noch dieses Tier auf der Welt, alles andere blende ich aus. Ich habe seinen Geruch in der Nase, ich höre seine Atemzüge, ich achte darauf, was seine Ohren und Augen mir mitteilen wollen, ich bin ausschließlich für dieses Tier da, und dieser Augenblick des größten Glücks gehört ganz mir.

Nun gibt es dabei einen ganz praktischen, oder sagen wir: strategischen Aspekt. Oft ist es so, dass Tiere auf mich zukommen. Mitunter aber tun sie das nicht, dann muss ich mich entscheiden: Bleibe ich, wo ich bin, oder bewege ich mich meinerseits auf dieses Tier zu? Gewöhnlich ziehe ich es ja vor, vollkommen passiv zu bleiben, bisweilen aber ist die Versuchung einfach zu groß, und ich versuche, näher heranzukommen. Das ist riskant. Jedes Tier hat seine Fluchtdistanz, es mag keine Aufdringlichkeit, und anfangs hatte ich selten Glück damit. Irgendwann aber machte ich eine Entdeckung.

Eines Tages, es ist schon eine Weile her, beobachtete ich vom Rand einer Wiese aus eine Rothirschkuh. Sie äste seelenruhig, als auf der anderen Seite ein Wildschwein auftauchte und Anstalten machte, die Wiese zu durchqueren. Allem Anschein nach hielt es direkt auf die Hirschkuh zu.

Jedenfalls sah es für mich so aus, und auch die Hirschkuh schien diesen Eindruck zu haben, jedenfalls erschrak sie sichtlich, machte einen Sprung zurück, sann offenkundig auf Flucht, zögerte aber noch – und entspannte sich im nächsten Augenblick wieder. Sie hatte das Wildschwein scharf im Auge behalten und offenbar gemerkt: Der erste Eindruck hat getäuscht. Es steuert gar nicht direkt auf mich zu. Es kommt zwar näher, verfolgt aber einen Kurs, der in einiger Entfernung seitlich an mir vorbeiführt ... Mithin keine Gefahr. Und das Wildschwein tat aber noch ein Übriges, um die Situation zu entschärfen. Es trottete gesenkten Hauptes wie gedankenverloren vor sich hin, ließ nicht das geringste Interesse an der erschrockenen Hirschkuh erkennen und gab ihr auf diese Weise obendrein zu verstehen: Du existierst für mich gar nicht, ich habe ganz andere Pläne, wozu also diese Aufregung? Und keine zehn Sekunden später äste die Hirschkuh weiter, als wäre nichts gewesen.

Da habe ich verstanden: So macht man das. So sieht Höflichkeit im Tierreich aus. So vermeidet man Missverständnisse und Irritationen. So musst du dich auch bewegen, wenn du niemanden gegen dich aufbringen willst. Wenn ich mich auf ein Tier zubewege, halte ich es seither wie diese Wildsau und zeige keinerlei Interesse, gebe mich völlig unbeteiligt und steuere das Objekt meiner Begierde niemals auf gerader Linie an. Diese Strategie hat vom ersten Tag an funktioniert. Ich habe also allen Grund, diesem Wildschwein dankbar zu sein. Sein kleines Lehrstück hat mir fantastische neue Möglichkeiten eröffnet, bis hin zum absoluten Höhepunkt meiner Tiererlebnisse, der Begegnung mit einem Luchs. Vor der ich jetzt gleich anschließend berichten will.

15
Das Erlebnis meines Lebens – der Luchs

Wie groß ist eigentlich so ein Luchs? Die wenigsten dürften je einen gesehen haben. Er ist ein mysteriöses Tier, selten und von sehr diskreter Lebensweise – da darf man schon mal fragen.

Auf jeden Fall ist er die größte Raubkatze Mitteleuropas, bis zu ein Meter zwanzig lang und zwischen zwanzig und dreißig Kilo schwer, also etwa vom Format eines Schäferhunds. Damit übertrifft er das Ozelot, das es höchstens auf zwanzig Kilo bringt, bleibt aber weit unter Jaguar und Leopard: Der eine wiegt um die hundert Kilogramm bei maximal einem Meter achtzig Körperlänge, der andere bleibt vom Gewicht her etwas darunter, bringt es aber in der Länge auf einen Meter neunzig.

Mit seinem gefleckten Fell, seinem Backenbart und seinen Haarbüscheln an den Ohren, die wie aufgesteckte Pinsel aussehen, ist der Luchs eigentlich ein auffälliges Tier, eine geradezu exotische Erscheinung in unseren Wäldern. An Schönheit steht er einem Jaguar oder Leoparden jedenfalls nicht nach. Leider (aus seiner Sicht natürlich glücklicherweise) versteht er es, sich praktisch unsichtbar zu machen. Allenfalls hört man ihn des Nachts im Wald mal rufen. Dass man ihn so gut wie nie zu Gesicht bekommt, mag auch der Grund dafür sein, dass er in unseren Märchen, Sagen und Fabeln überhaupt keine Rolle spielt – im Bett von Rotkäppchens

Großmutter liegt ein großer, böser Wolf, kein großer, böser Luchs. Ein so scheues Tier wie er scheint die Fantasie der Leute nicht weiter beschäftigt zu haben, und mir ging es lange Zeit ähnlich.

Der Luchs hatte für mich immer etwas Besonderes, Geheimnisvolles, gleichzeitig aber war er mir fremd. Man verbindet eben nichts mit einem Tier, das zwar Spuren hinterlässt, dessen Losung man gelegentlich findet, das man aber nie leibhaftig zu sehen bekommt. Selbst für jemanden wie mich, der häufig einsamste Orte aufsucht, blieb er bis 2020 ein Phantom. Aber dann, in diesem Sommer, passierte es.

Es war ein wirklich prächtiger Sommertag, den ich zu Hause verbringen wollte, auf dem Balkon. Mir war nach Faulenzen zumute, und bis zum frühen Nachmittag deutete nichts auf große Ereignisse hin. Doch dann setzte diese Nervosität ein. Dieses plötzliche innere Drängen, als gäbe es irgendwo, weiter draußen, etwas zu erledigen. Ich kenne das. Ich erlebe diese Unruhe häufiger. Eigentlich ist nichts geplant, aber dann springe ich vom Sofa auf, ziehe meine Schuhe an, packe meine Ausrüstung zusammen, setze mich ins Auto, frage nicht, warum, weshalb und wohin, starte und überlasse mich unterwegs ... ja, was denn eigentlich? Eine innere Stimme ist es nicht. Es ist eher eine Folge von Impulsen, denen ich mich, ohne nachzudenken, überlasse, deren Regie ich mich bereitwillig unterwerfe. Irgendetwas steht mit mir in Verbindung, und in den allermeisten Fällen geschieht dann tatsächlich Außergewöhnliches.

Auch diesmal fahre ich los, ohne mein Ziel zu kennen. Es sind Launen, vielleicht auch Eingebungen, die mir den Weg zeigen. Da vorne links? Nein, vorerst weiter geradeaus. An der nächsten Kreuzung rechts? Ja, warum nicht ... Und auf diese Weise, unmerklich in eine bestimmte Richtung gelenkt, komme ich endlich dorthin, wo ich hinwill. Nein, richtiger wäre: hinsoll. In diesem Fall in die Nähe einer Waldwiese, die mir aber erst in den Sinn kommt, als ich mein Auto am Waldrand abstelle.

Jetzt plötzlich, nachdem ich ausgestiegen bin, kenne ich also mein Ziel. Es ist eine fruchtbare Wiese mit vielen Kräutern, sehr feucht und üppig bewachsen. Außerdem wimmelt es in den Wäldern ringsum von Rehen, Feldhasen und Hirschkühen, die diese Wiese ihrerseits kennen und schätzen. Falsch bin ich hier auf keinen Fall. Also mache ich es mir auf einem Baumstamm im Schatten am Rand der Wiese gemütlich, lege die Kamera im Gras neben mir ab, schaue und warte und weiß: Für irgendetwas ist das hier gut. Kurz bevor ich in meinen Dämmerzustand verfalle, schaue ich noch einmal nach links, folge dem Waldrand mit meinem Blick, stutze, sehe ein zweites Mal hin, und jetzt gibt es kein Vertun mehr: Backenbart, schwarze Haarbüschel an den gespitzten Ohren, getupftes Fell – dort sitzt tatsächlich ein Luchs, nicht mal zwanzig Meter entfernt, mit mir auf einer Linie, in die Betrachtung dieser herrlichen, sonnenbeschienene Wiese versunken.

Ich greife zur Kamera, wie vom Donner gerührt. Die Szene mutet unwirklich an. Was ich da sehe, ist eigentlich völlig unmöglich. Leider wird mein Glück von einem Blatt getrübt, das den Luchs halb verdeckt. Nun, nicht zu ändern. Jetzt am besten nicht mal atmen, nur sparsamste Bewegungen, zumal er mir mittlerweile seinen Kopf von Zeit zu Zeit zuwendet. Jedes Mal, wenn er die Wiese erneut ins Auge fasst, mache ich ein Bild. Allerdings blickt er nach einer Weile immer häufiger zu mir herüber. Wahrscheinlich findet er einen Abstand von zwanzig Metern nun doch bedenklich, jedenfalls erhebt er sich nach einer Weile, wendet sich gemächlich dem Wald zu und zieht sich ohne Hast ins Dickicht zurück. Weg ist er.

Schöner und athletischer kann ein Tier nicht sein. Ich bleibe sitzen, zitternd vor Aufregung und Freude. Ich brauche eine Weile, um wieder zu mir zu kommen, nehme dann die Kamera zur Hand und hole mir meine Fotos aufs Display. War es ein Traum? Nein, war es nicht. Ein Luchsbild nach dem anderen huscht über den kleinen Kamerabildschirm, und ich murmele: »Wahnsinn, Wahnsinn, Wahnsinn … ein Luchs.« Und beide hatten wir zur selben Zeit dieselbe Idee! Ich hatte diese Wiese nach dem Aussteigen angesteuert, weil es dort garantiert etwas zu sehen geben würde, er hatte sie aufgesucht, weil hier die Aussichten auf ein Abendessen besonders gut sind. Das heißt: Jeder von uns beiden kennt sich aus. Da sind sich zwei Profis begegnet.

Wieder daheim, bin ich noch abends völlig außer mir. In der Nacht tue ich kein Auge zu. Es arbeitet in meinem Kopf. Ich spekuliere: Was wolltest du? Warum hast du da gesessen? Wieso hast du dir nichts aus mir gemacht? Mir dämmert: Es muss sich um einen Einjährigen handeln. Von der Statur her schon beinahe ausgewachsen, aber noch nicht der perfekte Jäger. Er braucht eine gut besuchte Wiese, um Beute zu machen. Dann der Wermutstropfen. Meine Freude über die Luchsbilder wird durch den Umstand getrübt, dass er teilweise verdeckt war. Ich brauche ihn unverstellt, ohne Blatt! Und plötzlich das Gefühl: Unsere Affäre ist noch nicht zu Ende, denn … Du bist jung. Du hast Hunger. Mit der Aussicht auf Beute vor Augen hast du dich nicht mal von einem Menschen stören lassen. Du hast einen Narren an dieser Wiese gefressen, sie will dir nicht aus dem Kopf. Bevor du dort keine Beute geschlagen hast, wirst du dich nicht zufriedengeben. Mit anderen Worten: Du wirst morgen an denselben Ort zurückkehren.

Am Nachmittag des nächsten Tags kommt es zu einem kurzen Wortwechsel mit meiner Frau.

»Ich fahr noch mal zu dieser Wiese.«

»Spinnst du? Du weißt doch selbst, wie groß die Reviere von Luchsen sind. Der kann längst zwanzig Kilometer weiter sein.«

»Ich weiß. Aber weißt du, was ich noch weiß? Dass er wieder da sein wird.«

Ich fahre dieselbe Strecke. Ich nehme denselben Fußweg. Ich setze mich auf denselben Baumstamm. Ich lasse meinen Blick über die Wiese schweifen und – genau gegenüber, am Waldsaum, sitzt derselbe Luchs im Gras. Das kann nicht wahr sein. Ich trete auf die Wiese hinaus, montiere das 600er-Objektiv auf die Kamera und fotografiere ihn. Fünfzig Meter liegen zwischen uns. Er entdeckt mich, er schaut mich an. Ich mache weitere Bilder, warte dann ab, verhalte mich still. Er müsste mich erkannt haben, wendet den Blick aber wieder ab, schaut nach rechts, schaut nach links und scheint sich mehr dafür zu interessieren, was sich sonst noch auf der Wiese tut.

Ich beschließe, auf ihn zuzugehen, so, wie ich's von der Wildsau gelernt habe, in einem Winkel von zwanzig Grad und langsam einen Fuß vor den anderen setzend. Von Zeit zu Zeit halte ich inne; wenn ich dann weitergehe, schweift sein Blick kurz zu mir. Fixiert er mich, bleibe ich wieder stehen. Aber ich störe ihn nicht wirklich, das sehe ich. Er ist nach wie vor auf der Lauer, er ist beschäftigt, er bleibt sitzen, und am Ende zeigt meine Kamera eine Distanz von zwanzig Metern an. Die Sicht ist frei, der Luchs ist groß und deutlich, voll und ganz zu erkennen, und er wirkt völlig entspannt; er erlaubt mir sogar, noch ein Video von ihm drehen.

Dann beschließt er, unser Treffen zu beenden. Zunächst dreht er in Richtung Wald ab und setzt sogar zum Sprung an, überlegt es sich dann aber und wendet mir wieder seinen Kopf mit den großen, gelben, weiß umrandeten Augen zu. Noch einmal trifft mich ein Blick aus seinen schwarzen

Pupillen, bevor er gelassen in den Wald gleitet, wo er sich ein weiteres Mal hinsetzt und mir einen letzten, allerletzten Blick zuwirft. Für ihn stimmt an unserer Begegnung alles.

Ich bin den gleichen Weg durch die Wiese zurückgegangen, in dem triumphierenden Bewusstsein, die Bilder meines Lebens gemacht zu haben. Aber es war ja auch das Erlebnis meines Lebens. Es übertrifft für mich alles, was mir je in der Wildnis passiert ist. Der reichste Mensch der Welt kann sich ein solches Glück nicht kaufen. Ich habe mit einem Luchs Kontakt aufgenommen, einem extrem scheuen Beutegreifer, und er hat mich eine halbe Ewigkeit lang gewähren lassen – zumindest aus Europa ist mir keine ähnliche Geschichte bekannt. Wenn er nicht gewollt hätte, wäre er längst über alle Berge gewesen. So aber war es mir vergönnt, in seine wilden, klaren Augen zu schauen. Ich habe die größte Freiheit in diesen Augen gesehen. Und unter uns gesagt: Ich war ergriffen, als hätte mich etwas Heiliges berührt. Also – ein großes Dankeschön an die Natur!

Es ist noch nicht allzu lange her, dass diese Begegnung mit einem Luchs gar nicht möglich gewesen wäre. Denn obwohl er für den Menschen keine Bedrohung darstellt, obwohl in der ganzen Menschheitsgeschichte niemand durch einen Luchs zu Schaden gekommen sein dürfte, hat er unter dem Menschen furchtbar gelitten. In Deutschland war der Luchs zu Beginn des zwanzigsten Jahrhunderts vollständig ausgerottet. Erfreulicherweise ist er zurückgekehrt. Seit einigen Jahrzehnten gibt es Auswilderungsprogramme, die gerade hier im Bayerischen Wald erfolgreich sind, wohl deshalb, weil Europas größtes zusammenhängendes Waldgebiet ihm richtig viel Platz bietet.

Und den braucht er, denn Luchse sind ständig in Bewegung. Ihre Reviere können ein Gebiet von dreihundert Quadratkilometern umfassen, und unsere deutsch-tschechischen Luchse vermischen sich mittlerweile mit ihren polnischen und slowenischen Artgenossen. Für den Luchs sind nicht einmal die Karpaten unerreichbar, diese Strecke kann er in wenigen Tagen bewältigen, und genauso stehen ihm die bayerischen und österreichischen Alpen offen. So kommt es zu dem paradoxen Effekt, dass dieser unsichtbare Jäger in Mitteleuropa sozusagen allgegenwärtig ist.

Und wie lebt er in seiner geheimnisvollen, unseren Augen entzogenen Welt? Kurz gesagt: fabelhaft. Er ist perfekt an unsere bewaldeten Mittelgebirge angepasst. Er liebt Felsen, schläft am liebsten in Felsnischen und Höhlen, verbringt die Nacht aber auch gern in hohen Bäumen, klettert wie ein Eichhörnchen und findet hier bei uns genau das unübersichtliche Gelände vor, das er als genialer Lauerjäger braucht.

Und als solcher lauert er nicht einfach irgendwo auf Beute. Der Luchs kennt die Wildwechsel, die Trampelpfade der Rehe, ihre bevorzugten Aufenthaltsorte, und wie eine Katze sich auf einem Sofa niederlässt, macht er es sich dort in einem Versteck bequem und wartet geduldig ab. Kommt ein Beutetier in seine Nähe, duckt er sich, lässt es herankommen, schießt erst im letzten Moment los und verfolgt es rasend schnell – bei seinen Verfolgungssprints bringt er es auf siebzig Stundenkilometer und fliegt im Sprung bis zu sieben Meter weit. Diese Geschwindigkeit hält er allerdings nur über kurze Strecken durch. Merkt er, dass er's nicht schafft, gibt er gleich wieder auf und wartet die nächste Gelegenheit ab. Eine völlig andere Strategie verfolgt der Wolf, der ein Beutetier so lange hetzt, bis ihm die Zunge zum Hals heraushängt. Natürlich kommt man mit beiden Methoden zum Ziel, aber in unserer Gegend ist der Luchs mit seiner Methode wesentlich erfolgreicher als der Wolf.

Das liegt am Gelände. Weite, offene Flächen, wie sie die Truppenübungsplätze der Oberlausitz zum Beispiel bieten, kommen dem Wolf zugute; dort kann er seine Beute während der Verfolgung ununterbrochen im Auge behalten, wohingegen er sie in unseren dicht bewachsenen Mittelgebirgen schnell aus dem Blick verliert, sich immer wieder neu orientieren muss und dabei wertvolle Zeit einbüßt. Ein Lauerjäger wie der Luchs kennt dieses Problem nicht. Entweder hat er seine Beute nach zwanzig Metern gepackt, oder er bricht ab und versucht's erneut; freie Flächen aber würden ihm die Jagd unmöglich machen, weil er sich nirgendwo verstecken könnte.

Wie unterschiedlich Wolf und Luchs vorgehen, zeigt sich auch beim Töten, es zeigt sich sogar beim Fressen. Ein Luchs tötet seine Beute blitzschnell, durch einen gezielten Biss in die Kehle, wohingegen Wölfe größere Beutetiere zunächst ermüden und ihnen dann so lange Verletzungen an Flanken und Beinen zufügen, bis sie zusammenbrechen. Und wenn's ans Fressen geht ... Findet man einen Kadaver mit aufgerissener Seite und heraushängenden Därmen, kann man sicher sein: Das war nie im Leben ein Luchs. Das muss ein Wolf gewesen sein, ein Allesfresser, einer, der von einem erbeuteten Tier fast nichts übrig lässt, der Därme und Magen samt Inhalt frisst und selbst das Fell noch verwertet. Der Luchs hingegen ist ein wählerischer Feinschmecker. Für den kommt nur das beste Fleisch in Betracht, also nimmt er sich als Erstes die Hinterläufe vor, verleibt sich das Muskelfleisch der Oberschenkel ein, macht sich dann über das übrige Muskelfleisch her – und überlässt den ganzen Rest den Rabenvögeln; für derart minderwertiges Zeug hat er keine Verwendung. Wölfe verhalten sich eben wie Hunde, Luchse dagegen wie Katzen. Man kennt das ja: Ein Hund würde auch eine Kartoffel dankbar annehmen und mit Genuss verzehren. Hält man aber einer Katze eine Kartoffel hin, wird sie einen anschauen, als wäre man nicht ganz bei Trost, denn Katzen fressen tatsächlich ausschließlich Fleisch.

Gemeinsam ist diesen beiden Beutegreifern, dass sie Rehe wie auch Schafe reißen – in früheren Zeiten Grund genug für die Menschen unserer Breiten, den Luchs vollständig auszurotten. Dabei legt er es eher selten auf Schafe an; in viel größerer Zahl wandern Hasen und vor allem Mäuse in seinen Magen. Trotzdem eckt der Luchs natürlich an, nicht nur bei Schäfern, auch bei Jägern, die nur noch mit Mühe auf ihre Abschussquoten kommen, wenn er sich in ihrem Rehwildbestand bedient. Dieser Konflikt ließe sich allerdings durch eine simple Maßnahme beilegen: Wo es Luchse gibt, muss die vorgeschriebene Abschussquote eben gesenkt werden.

Gut, es mag für Menschen ein ungewohnter Gedanke sein, zugunsten eines Tiers auf Beute zu verzichten, aber der Luchs hätte unser Entgegenkommen doch verdient. Mir geht es jedenfalls so, dass schon das Wissen um diese wunderschöne, geheimnisvolle Raubkatze dort draußen meiner Welt einen Zauber verleiht.

16
Mein Sommer mit Matilde

Man muss die Sache mal so sehen: Für die meisten Tiere dort draußen bin ich King Kong, auch für den Luchs. Selbst wenn ich kein Mensch wäre, würden sie immer noch etwas sehr Großes, sehr Stabiles auf sich zukommen oder in der Landschaft herumsitzen sehen, und Größe imponiert auch im Tierreich – die Größe eines Rothirschs zum Beispiel, um den kleinere Tiere doch vermutlich deshalb einen Bogen machen, weil seine mächtige Statur Respekt einflößt.

Aber einmal von meinem Erscheinungsbild abgesehen – stehe ich mit meiner Tierliebe nicht vor dem gleichen Problem wie King Kong? Wie dieser Riesenaffe versuche ich, kleinere Wesen, die mich verständlicherweise fürchten, von meiner Harmlosigkeit zu überzeugen. King Kong scheitert daran, mir gelingt es – aber was folgt daraus? Recht besehen kann King Kong schon wegen des Größenunterschieds mit seiner großen Liebe, der kleinen Menschenfrau, gar nichts anfangen, und im Grunde geht es mir genauso: Die Tiere dulden mich, und das ist sehr viel, aber es ist auch schon alles. Bildlich gesprochen könnte man sagen: Sie und ich, wir schließen im besten Fall, wortlos, durch Blicke, ein Abkommen folgenden Inhalts: Wir lassen einander leben, wir kommen uns nicht in die Quere, jeder von uns erkennt die Daseinsberechtigung des anderen an – und damit hat es sich. Gut, zusätzlich erhalte ich noch eine Fotografiererlaubnis, aber mehr ist nicht drin, mehr kann man nicht verlangen. In ihrer Welt bleibe ich ein Außenseiter. Ich bilde mir nicht ein, dass sich diese wilden Tiere auf mich oder über mich freuen, und insofern ist meine Liebe zu ihnen eine genauso einseitige Angelegenheit wie die Zuneigung, die King Kong für die Menschenfrau empfindet.

Natürlich machen sie mich trotzdem glücklich. Aber dieses Glück wäre vielleicht nicht vollkommen, käme es nicht zwischendurch doch immer wieder zu persönlichen Beziehungen, nämlich mit jenen Tieren, die ich großziehe. Sie bilden eine Ausnahme, sie machen die übliche Gleichgültigkeit oft nicht mit, und die erstaunlichste Ausnahme von allen ist eine Steinmarderdame namens Matilde. Ihre Geschichte will ich hier erzählen. Es ist eine ganz und gar außergewöhnliche, selbstverständlich trotzdem wahre Geschichte.

Zum Marder im Allgemeinen nur so viel: Der bekannteste Vertreter aus der Familie der Marder ist der Steinmarder, weil er ein typischer Kulturfolger ist. Das heißt, er sucht die Nähe von Siedlungen und macht sich dort bei Autofahrern sowie den Bewohnern von Dachwohnungen unbeliebt, weil er im Motorraum Kabel und Schläuche durchbeißt oder in Hohlräumen geräuschvoll seine Jungen betreut. Dann gibt es noch den Baummarder, der ausschließlich Wälder bewohnt und vom Menschen gar nichts wissen will. Matilde, wie gesagt, ist ein Steinmarder, und als ich sie im März von einer Bekannten abholte, war sie ein winziges, kaum behaartes, federleichtes Marderbaby, das die Augen noch nicht aufbekam und in eine Hand passte.

Sie wuchs nicht allein auf. Ein zweites Steinmarderbaby, Clotilde, leistete ihr Gesellschaft, aber wie sich bald zeigte, entwickelten sich die beiden zu völlig unterschiedlichen Tierpersönlichkeiten. Clotilde war und blieb so spröde, wie man es von einem Beutegreifer erwartet, der nichts als seine

Freiheit im Sinn hat und den Menschen nur als notwendiges Übel betrachtet. Matilde war das genaue Gegenteil, nämlich anhänglich, verspielt und verschmust, obwohl ich darauf achtete, beide gleich zu behandeln.

Nun bin ich bei der Aufzucht von Jungtieren sowieso hin- und hergerissen. Auf der einen Seite hüte ich mich vor Sentimentalitäten, damit die Tiere nichts von ihrer Wildheit einbüßen, auf der anderen Seite wachsen sie mir einfach dadurch ans Herz, dass ich miterlebe, wie sie unter meinen Händen heranwachsen und gedeihen. Jetzt kam erschwerend hinzu, dass Matilde ziemlich von Anfang an das Zeug zur Herzensbrecherin hatte, meinen Bart zum Beispiel großartig fand und ihre Erkundungen meiner Person bis auf meine Mundhöhle ausdehnte. Ich sah kommen, dass mir die Trennung von ihr nicht leichtfallen würde, trotzdem wollte ich alle zwei so bald wie möglich in die Freiheit entlassen, Clotilde wie Matilde. Im Herbst war es so weit.

Was Clotilde angeht, sind keine besonderen Vorkommnisse zu berichten. Sie verschwand nicht gleich auf Nimmerwiedersehen, sie kehrte noch mehrfach zum Bauwagen zurück, um sich Futter abzuholen, aber ich durfte sie nicht mehr anfassen. Sie hielt sich vom ersten Augenblick in Freiheit an von mir fern, und heute führt sie längst irgendwo da draußen ihr eigenes Leben.

Nicht so Matilde. Zwar stürmen die wenigsten Tiere einfach los, wenn sich die Volierentür für sie öffnet, die meisten zögern, die Sicherheit des Käfigs gegen die unheimliche Fremde da draußen einzutauschen, aber sie geben sich dann doch einen Stoß und verwandeln sich in kürzester Zeit in frei lebende Wildtiere. Matilde hingegen musste sich am Tag ihrer Auswilderung zu ihren ersten Schritten auf dem ungewohnten Waldboden sichtlich durchringen. Sie lief ein paar Meter, erkundete die neue Freiheit dann Quadratzentimeter für Quadratzentimeter, erschrak im nächsten Moment vor ihrer eigenen Courage und sprang zurück in den Käfig. Ich schaute ihr mit bangem Herzen zu und war erleichtert, dass sie eine Kompromisslösung in Erwägung zu ziehen schien, nachdem sie sich mit der neuen Situation einigermaßen angefreundet hatte: Freiheit ja, Wald nein, oder anders gesagt: Sie richtete sich unter dem Bauwagen ein.

Noch am selben Tag passierte Folgendes: Auf dem Gelände vor dem Bauwagen geriet ich ins Stolpern, fing mich aber gleich wieder. Im selben Moment stimmte Matilde, die auf der anderen Seite im Gebüsch saß, wie in panischer Angst ein jämmerliches Geschrei an. Nun war ich an diesem Tag vor Aufregung auch selbst ganz durcheinander, also rief ich sie schon beinahe verzweifelt bei ihrem Kosenamen, woraufhin Matildes Klage nur noch untröstlicher, noch lauter und noch jämmerlicher klang, ohne dass sie sich aus ihrem Versteck herausgetraut hätte. Was tun? Der erste Tag in Freiheit ging ja gut los … Ich ließ mich ratlos auf die Bank vorm Bauwagen fallen, aber kaum saß ich, kam ihr Geschrei näher, und im nächsten Moment bog dieses allerliebste Mardermädchen tatsächlich um die Ecke, lief mit allen Anzeichen freudiger Erregung auf mich zu, sprang an mir hoch und leckte mich ab, bevor sie sich auf dem Rücken vor mir ausstreckte und von mir streicheln ließ. Was soll ich sagen? Matilde wirkte selig.

Und ich? Man sieht es auf dem Video, das meine geistesgegenwärtige Frau Sabine von uns beiden gemacht hat: Da sitze ich und schluchze, ja, heule Rotz und Wasser vor Freude und Abschiedsschmerz und kann es nicht fassen – als hätte sich zwischen uns nichts geändert, leidet Matilde mit mir mit, freut sich Matilde mit mir mit und ist erst wieder zufrieden, wenn alles so ist, wie es in den guten, alten Zeiten vor ihrer Auswilderung war. Völlig verrückt. Nicht ich – sie hatte die Initiative ergriffen. Von ihr ging diese stürmische Liebeserklärung aus. Sie schien mir sagen zu wollen: Eine wie mich kriegst du nicht wieder … Dass sie dermaßen an mir hing, hätte ich nie gedacht, und ich gestehe: Kein anderes Tier hat mich jemals so tief berührt wie Matilde in diesen Augenblicken.

Mir war klar, dass sie vorläufig in der Nähe des Bauwagens bleiben würde. Auf den Videos jener Zeit sieht man immer wieder Szenen wie diese: Matilde erwartet mich unterm Bauwagen, kommt hervor, prüft kurz die Lage, läuft dann auf mich zu, knabbert an meinem Finger, legt sich wie eine Katze auf den Rücken und lässt sich von mir den Bauch kraulen. Wenig später sitzt sie allein auf der Bauwagenbank und frisst genüsslich eine Erdnuss, die sie vom Boden aufgelesen hat, doch dann schießt ihr die schlimme Vermutung durch den Kopf, ich könnte sie vermissen, und plötzlich ist die Erdnuss vergessen – mit wenigen Sätzen ist sie wieder bei mir, wälzt sich am Boden, will schmusen und bekommt ihren Willen.

So ging es wochenlang. Irgendwann zog Matilde aufs Dach des Bauwagens um, aber es blieb bei unserem eingespielten Ritual: Sie begrüßte mich mehr oder weniger stürmisch, ich überließ ihr die mitgebrachten Hühnerherzen. Meine einzige Sorge war: Jetzt kann es natürlich passieren, dass sie eins der Eichhörnchen erbeutet, die zu den regelmäßigen Besuchern am Bauwagen gehören. Das wäre nach Marderart und insofern nicht zu beanstanden, doch das harmonische Zusammenleben von Mensch und Tier im Umkreis des Bauwagens wäre gestört, um nicht zu sagen: zerstört. Nur – was sollte ich machen? Matilde den Zutritt zum Gelände verbieten? Sie mit Gewalt verscheuchen? Bei manchem Greifvogel hatte ich mich schon zu drastischen Maßnahmen gezwungen gesehen, aber Matilde verjagen? Unmöglich. Die Enttäuschung in ihren Augen würde ich nicht überleben. Also kein böses Wort, kein Lokalverbot. Und dann machte ich folgende Entdeckung.

Seit ich den Bauwagen habe, lege ich einmal am Tag eine Handvoll Leckerli, nämlich Erdnussbruch, für meine Waldvögel an der Rückseite des Bauwagens aufs Fensterbrett. Neuerdings aber gibt es Matilde, die liebt den Erdnussbruch auch, und wie befürchtet bringt sie die alte Ordnung durcheinander. Kaum habe ich meine Erdnüsse dort ausgestreut, machen sich die Vögel wie üblich drüber her, aber dann kommt Matilde, stürmt aufs Fenster zu, und natürlich stieben alle Vögel in alle Himmelsrichtungen davon. Weg sind sie.

In meinem Sinne ist das nicht. Aber dann stelle ich fest: Nach dem dritten, vierten Mal fliegen die Vögel bloß noch bis zum nächsten Strauch, behalten das Fensterbrett im Auge, machen dezent ihrer Verärgerung Luft und kehren, sobald Matilde fertig und verschwunden ist, aufs Fensterbrett zurück. Das heißt: Die Vögel machen dem Stärkeren zwar Platz, bringen sich aber nur noch sozusagen symbolisch in Sicherheit und sind sofort wieder da, sobald die Luft rein ist – obwohl Matilde jederzeit zurückkommen könnte, was sie aber nicht tut.

Diese Vögel haben also nach kürzester Zeit verstanden, dass Matilde nicht auf Vogeljagd ist, sondern lediglich Erdnüsse im Kopf hat. Dass man als Singvogel einem Marder den Vortritt lässt, ist selbstverständlich. Aber inzwischen haben sie begriffen, dass zu einem Herzinfarkt kein Anlass besteht, folglich halten sie sich gelassen an die Umgangsformen des Waldes, ziehen sich vorübergehend zurück und machen anschließend weiter, als gäbe es Matilde gar nicht. Ein wunderbares Beispiel dafür, wie das Gefahrenbewusstsein von Wildtieren funktioniert. Als potenzielles Beutetier lebt man eben nicht in beständiger Angst; man versteht sich vielmehr darauf, eine Gefahr blitzschnell realistisch einzuschätzen, und beruhigt sich bei Entwarnung umgehend. Auf diese Weise können Beutetiere mit

Beutegreifern zusammenleben, ohne andauernd um ihr Leben zu zittern.

Und die Eichhörnchen? So unglaublich es klingt, auch die kamen bestens mit Matilde aus.

Ich will vorausschicken: Wir sind hier nicht bei Walt Disney. Vögel und Eichhörnchen werden niemals ihre Vorsicht aufgeben, mit dieser sympathischen Steinmarderdame Freundschaft schließen und die Erdnüsse brüderlich mit ihr teilen. Was aber möglich ist – in diesem seltsamen Ausnahmefall zumindest –, ist friedliche Koexistenz, wie ich sie an einem regnerischen Herbsttag erlebt habe, als Matilde längst eigene Wege ging.

An diesem Tag mache ich etwas, das ich, so sonderbar es klingt, sehr gern mache: Ich lasse mich im Umkreis des Bauwagens, an einen Baumstamm gelehnt, auf den Waldboden nieder und lege die Kamera neben mir ab; bei mir darf selbst der Fotoapparat schmutzig werden. Jetzt liege ich da, es regnet, ich fühle mich wohl, eine Baumkrone bietet mir einigermaßen Schutz, und schon kommt das erste Eichhörnchen an. Es ist neugierig, es läuft auf mich zu, ein zweites taucht auf, ein drittes lässt nicht lange auf sich warten, dann verschwinden die drei wieder. Alles ist wie immer, als ich ein Rascheln hinter mir höre. Noch ist nichts zu sehen, es raschelt weiter, aber dann schießt Matilde zu einem Überraschungsbesuch aus dem Gestrüpp, und was macht sie? Springt mir auf den Bauch, leckt mich ab, stößt ihr üh-üh-üh-üh-üh aus, das man mit »Hallo, hier bin ich wieder, wie geht's dir, und übrigens, ich möchte spielen« übersetzen kann, und so geht es eine ganze Weile. Man hat sich ja lange nicht gesehen, und Matilde hat viel zu erzählen.

Plötzlich aber lässt sich das nächste Eichhörnchen blicken. In einiger Entfernung richtet es sich auf, schaut sich um, sieht Matilde auf mir herumwuseln, und statt sich fluchtartig zu verdrücken, geht es zurück auf alle viere und läuft tatsächlich auf mich zu, bis es fast meine Füße streift. Nicht genug damit, taucht ein zweites Eichhörnchen auf, dann ein drittes, und jetzt suchen alle drei direkt unter Matildes Augen den Boden nach Essbarem ab. Eins von ihnen wird auch fündig und hält eine Walnuss in den Pfoten, was Matilde zwar interessant findet, aber so interessant nun auch wieder nicht, und als gäbe es Wichtigeres auf dieser Welt als Eichhörnchenfleisch, wendet sie sich wieder mir zu und setzt ihr Freudentänzchen auf meinem Bauch fort.

Wahrscheinlich wird es Menschen geben, die eine wissenschaftliche Erklärung für diese surreale Szene suchen. Ich wünsche ihnen viel Glück. Denn was ich erlebt habe, darf eigentlich nicht sein. Es ist unmöglich – und kommt doch vor. Es kommt vor, weil Tiere Gefühle haben, sogar tiefe Gefühle wie Freundschaft, vielleicht Liebe, womöglich Dankbarkeit. Und so kann es tatsächlich geschehen, dass zwei miteinander verfeindete Tierarten plus ein mit allen Tieren verfeindeter Mensch sich auf vier Quadratmetern ein Stelldichein geben, ohne dass einer der Anwesenden Hektik, Jagdgelüste oder Fluchtreflexe zeigen würde. Wenn das kein Vorgeschmack aufs Paradies ist …

Im Grunde hatte sich durch Matildes Anwesenheit am Bauwagen also nichts geändert. Ich konnte zu meinem normalen Tagesablauf zurückkehren und brauchte nur zu pfeifen, schon kamen sie wie eh und je, die Vögel wie auch die Eichhörnchen, und ließen sich füttern. Der einzige Unterschied: Früher sprangen die Eichhörnchen gern auf dem Bauwagendach herum. Das ließen sie bleiben, seit Matilde dieses Dach als Toilette benutzte. So heftig, wie Kot und Urin eines Steinmarders riechen, war allen anderen klar: Hier wohnt Matilde, hier ist ihr Privatbereich, hier hat kein anderer was verloren.

Und mittlerweile ist Matilde erwachsen, bestimmt sechzig Zentimeter lang, den Schwanz eingerechnet, und mit mehr als einem Kilogramm sicherlich kein Leichtgewicht unter ihresgleichen. Seit Monaten lebt sie jetzt in freier Wildbahn, kommt aber weiterhin vorbei. Zwei, drei Wochen lang lässt sie sich nicht sehen, plötzlich ist sie wieder da, begrüßt mich, freut sich, schmust mal kurz und entschwindet wieder. Sie wirkt gut genährt, sie muss eine erfolgreiche Jägerin sein, sie hat auch ganz entschieden an Selbstbewusstsein zugelegt. So strahlen ihre Augen zum Beispiel nicht mehr die anfängliche Zutraulichkeit aus – für mich ein Zeichen dafür, dass sie wild genug ist, sich nicht mit anderen Menschen einzulassen. Bei mir aber macht sie eine Ausnahme, ist für die Dauer unserer Begegnungen lammfromm, lässt die Eichhörnchen in Ruhe und will mich einfach nur ein paar Minuten lang ganz für sich allein haben.

Das heißt natürlich nicht, dass Matilde ihren Jagdtrieb auch in meiner Abwesenheit zügelt. Aber solange ich da bin, reißt sie sich zusammen und respektiert den Landfrieden in meinem kleinen Reich, hält sich an die Regeln der Gastfreundschaft. Alles Instinkt? Das kann mir keiner erzählen. Ich glaube eher, dass es zu solchen ganz und gar unüblichen Zuständen kommt, weil mir die Tiere im Umkreis des Bauwagens vertrauen. Wer weiß – vielleicht will Matilde mein Vertrauen nicht enttäuschen, und die Eichhörnchen verlassen sich darauf? Dann würde sich hier ein weiteres Mal zeigen, dass wilde Tiere der Körperform keine große Bedeutung beimessen und andere Lebewesen in erster Linie nach ihrer Stimmung und ihren Absichten beurteilen. Matilde ist und bleibt ein Steinmarder und damit gefährlich, aber das interessiert die Eichhörnchen überhaupt nicht; alles, was zählt, ist ihre augenblickliche Gemütsverfassung (sowie natürlich die erfreuliche Tatsache, dass da überall Nüsse herumliegen).

Ewig wird es nicht so weitergehen, das weiß ich. Irgendwann wird meine Steinmarderdame ihre Besuche bei mir einstellen. Mein Sommer mit Matilde wird dann der Vergangenheit angehören, aber wahrscheinlich werde ich auch in Zukunft mit dem Gedanken aufwachen: Hoffentlich geht's dir gut, liebe Matilde …

17
Jagen macht Spaß – das Hermelin

Selbstverständlich sind die Clotildes unter den Mardern die Regel. Und ein Marder muss sich nicht wie Matilde aufführen, um mein Herz zu erobern. Ich finde alle Tiere, die unter die Marderartigen fallen, faszinierend, und das sind nicht wenige. Diese Tierfamilie reicht vom vierzig Kilo schweren Seeotter bis zum fünfundzwanzig Gramm leichten Mauswiesel, und dazwischen rangieren der Iltis, der Nerz, das Hermelin, das Wiesel und noch etliche mehr. Sie alle werden als hundeartige Raubtiere bezeichnet und sind leicht an ihrem lang gestreckten, schlanken Körperbau zu erkennen. Außerdem sind sie alle extrem lebhafte, buchstäblich wieselflinke Tiere.

Ich habe eine besondere Schwäche für sie, weil sie mir gute Laune machen. Für mich verkörpern sie die Lebenslust im Tierreich. Die Marderartigen sehen nämlich stets so aus, als wären sie super drauf, als hätten sie bei allem einen unbändigen Spaß, selbst oder vielleicht vor allem bei der Jagd. Ein Marder oder ein Hermelin könnte niemals mürrisch wirken; fast meint man, ein beständiges Lächeln in ihrem Gesicht zu erkennen. Dazu kommt, dass sie trotz ihrer geringen Körpergröße wahre Kraftprotze sind. Dass so ein zierlicher Iltis, höchstens ein Kilo schwer, einen ausgewachsenen Feldhasen vom vierfachen Gewicht kilometerweit schleppen kann, grenzt an ein Wunder. Um Ähnliches zu vollbringen, müsste unsereins mindestens ein erlegtes Wildschwein im Mund nach Hause tragen.

Zu den Tieren, die ich in der Kindheit besessen habe, zählte auch ein Frettchen, also ein domestizierter Waldiltis. Der süßliche Wildgeruch, den alle Marderartigen verströmen, hat mich nie gestört. Dieses Frettchen war mir schon damals außergewöhnlich lieb, und Matilde hat mich dann endgültig für ihre Art eingenommen. Aber es gibt einen guten Grund, in diesem Kapitel nicht vom Steinmarder, sondern vom Hermelin zu sprechen: Das kann man nämlich bei der Jagd beobachten. Die übrigen Marderartigen bekommt man so gut wie nie in freier Wildbahn zu Gesicht, weil sie im Wald jagen, wohingegen das Hermelin gerne auf Waldwiesen jagt, wo man ihm zuschauen – und es auch fotografieren kann.

Daran liegt mir ja besonders. Die Fotos sind ja das einzige sichtbare Resultat meines sonderbaren Lebens als talentfreier Mensch. Es ist jetzt zehn Jahre her, dass ich das erste Mal mit der Kamera losgezogen bin, ohne einen Blick auf die Gebrauchsanweisung geworfen zu haben, ohne das Wort Belichtungszeit zu kennen. Ahnungslos, wie ich an die Sache herangegangen bin, sind mir wundersamerweise in diesem Zeitraum trotzdem rund fünfzigtausend Aufnahmen von allen möglichen Tierarten gelungen, einige seltene Bilder darunter. Das liegt weniger an meinem fotografischen Können als an meiner Herangehensweise – es sind halt ganz intime Tierporträts darunter, und alle sind sie sozusagen aus dem wahren Leben der Wildtiere gegriffen.

Deshalb eignen sich meine Fotos recht gut, einem Publikum dieses wahre Leben näherzubringen. Aber eigentlich mache ich sie für mich selbst. Es sind mehr als Erinnerungsfotos – jede dieser fünfzigtausend Aufnahmen versetzt mich in die damalige Situation zurück, ruft mir die aufregenden Umstände seiner Entstehung in Erinnerung und ist daher mit einem Glücksgefühl verbunden. Davon abgesehen aber würde mir sonst auch keiner glauben. Ohne Kamera wäre ich vermutlich nie der Woid Woife geworden, da würde man mich heute allenfalls in Bodenmais kennen, und zwar als Woid Depp und verschrobenen Hansl.

Selbstverständlich habe ich meinen Ehrgeiz. Schärfe und Licht müssen stimmen und die Augen des Luchses funkeln. Und jetzt stelle man sich vor, welche Herausforderung ein Hermelin bedeutet. Einmal natürlich, weil man an ein so kleines Tier von zwanzig bis höchstens dreißig Zentimetern Körperlänge sehr nah herankommen muss, zum anderen aber ... Man sollte doch meinen, dass Tiere mit derart kurzen Beinen nicht zu den schnellsten gehören können, aber weit gefehlt! Wie alle Marderartigen bewegen sich auch Hermeline in rasantem Tempo, schlagen Haken, wechseln blitzartig die Laufrichtung und sind daher wirklich schwer mit der Kamera einzufangen. Bevor ich aber von meiner Fotosafari auf der Hermelinwiese erzähle, will ich kurz einige Angaben zu seinem Aussehen und seiner Lebensweise nachliefern.

Jeder kennt es, das Hermelin, von alten Gemälden aus der Zeit, als es noch richtige Könige gab. Wenn die sich besonders prachtvoll dargestellt wissen wollten, standen sie im Hermelinmantel Modell, und der Maler setzte dann die markanten schwarzen Tupfer wie umgedrehte Flammen auf den schneeweißen Grund des kostbaren Pelzmantels. An diesen schwarzen Spitzen sind nicht nur Hermelinmäntel zweifelsfrei zu erkennen, sondern auch die Hermeline selbst. Deren Fell verfärbt sich nämlich je nach Jahreszeit, im Winter ist es komplett weiß und im Sommer weitgehend braun, aber an der schwarzen Schwanzspitze ändert sich das ganze Jahr über nichts, die ist ihr Markenzeichen. Im Übrigen wirkt das Hermelin wie ein Miniaturmarder, und gäbe es nicht das Mauswiesel, wäre es von allen heimischen Beutegreifern der kleinste.

Anders als Füchse, Dachse, Eichhörnchen und Kaninchen macht sich das Hermelin nicht die Mühe, eine eigene Behausung anzulegen, sondern schlüpft zum Schlafen in Felsspalten, hohlen Baumstämmen und lockeren Steinhaufen unter. Beim Jagen kommt ihm seine Wendigkeit ebenso wie seine enorme Körperkraft zugute; manche seiner Beutetiere sind daher nicht kleiner als das Hermelin selbst – neben Mäusen gehören auch Ratten, Maulwürfe und selbst kleine Kaninchen dazu. Schlank, wie Hermeline sind, verfolgen sie sogar die stämmigen Schermäuse bis in ihre Erdlöcher hinein, und genau damit waren sie an jenem Tag beschäftigt, als ich das Glück hatte, auf einer Waldwiese in eine Jagdgesellschaft von Hermelinen im Winterfell zu geraten.

Jagende Hermeline gehören zu den wenigen Tieren, auf die ich grundsätzlich zugehe. Selbst in offenem Gelände sind dafür keine nennenswerten Vorsichtsmaßnahmen erforderlich. Wenn man nicht geradewegs auf eines zuhält, das zufällig Männchen macht – auf diese Weise checken diese kleinen Wesen ihre Umgebung –, kann man sich ihm völlig unbemerkt nähern. Ich warte immer, bis ein Hermelin in einem Schermausloch verschwunden ist, und mache dann ein paar schnelle Schritte in seine Richtung. Sobald es wieder auftaucht, bleibe ich stehen, wobei ich auch die Nachbarlöcher im Auge behalten muss, denn man weiß nie, wo es rauskommt. Solange mich das Hermelin nicht in Bewegung erwischt, ist ihm alles egal, und dass ich ihm jetzt näher bin als eben noch – ja mei, was soll's. Es hat ja nichts Verdächtiges gesehen und wird sich sagen: Ach, derselbe wie vorhin, wie langweilig, ich mach einfach weiter. Jagende Hermeline sind so sehr in ihr atemloses Treiben vertieft, dass sie mir eine erstaunliche Bewegungsfreiheit lassen.

Bin ich nah genug herangekommen, setze ich mich ins Gras. Wenn zwei oder drei Hermeline da jagen, bin ich mitten im Geschehen. Jetzt muss ich es nur noch schaffen, eins dieser Tiere scharf zu kriegen. Das ist nicht so leicht, wie es sich anhört, denn Hermelinen fällt unentwegt was Neues ein. Sie entscheiden sich von einer Sekunde auf die andere um, und entsprechend unberechenbar sind ihre Bewegungen: ein Hüpfer hierhin, ein schneller Abstecher dorthin, kopfüber rein ins Mauseloch, drei Meter daneben wieder raus und gleich weitergerannt, da kommst du kaum mit – eben war es noch da, jetzt ist es weg.

Gut, ich sitze also da. Das Hermelin hat mich gesehen, es ist ihm wurscht. Nur wenige Meter vor mir wuselt es herum, viel zu beschäftigt, sich um mich zu kümmern. Es schlüpft in dieses Loch, es schlüpft in jenes, hat aber keinen Erfolg – egal, Jagen macht Spaß. Gerade taucht es wieder unter, da schießt Sekunden später eine Schermaus aus demselben Loch heraus. Die beiden müssen sich im Bau verpasst haben. Jetzt also die Kamera vom Loch weggerissen und auf die Schermaus gehalten. Aus einem anderen Loch taucht prompt das Hermelin wieder auf, nimmt die Verfolgung auf, und ich schalte auf Serienfoto. Wenn diese Bilder jetzt nicht scharf werden …

Glück gehabt. Sie werden scharf, und sie sind aus dem prallen Hermelinleben gegriffen. Ich erwische es im Sprung, in der Luft, Sekundenbruchteile, bevor es die Schermaus stellt. Ich erwische es beim tödlichen Biss in den Nacken. Ich erwische den Augenblick, in dem es kehrtmacht und mit der toten Schermaus im Maul auf mich zuläuft, die Beute fast so groß wie der Jäger. Ich habe auch das Bild, wie es wenige Meter vor mir stehen bleibt, um kurz zu verschnaufen, und seine Vorstellung krönt, indem es mir den Kopf zuwendet und mich auf seine schelmische Hermelinart anschaut. Das Kameradisplay zeigt mir also alle entscheidenden Momente, bevor das Tier sich zufrieden davonmacht.

Ich bleibe sitzen. Es sind zwei weitere Hermeline auf dieser Wiese unterwegs, und ich erlebe die gleiche Geschichte noch einmal, jetzt aber ohne Happy End für den Jäger. Wieder flitzt ein Hermelin hinter einer fliehenden Schermaus her – was gar nicht so oft vorkommt, weil sie die Beute meist unter der Erde erlegen –, in diesem Fall aber verfehlt das Hermelin die Schermaus und springt daneben, weil die sich mit einem hohen Sprung zur Seite rettet. Auch diese Szene habe ich bildfüllend eingefangen.

Kein Regisseur könnte eine Hermelinstory besser inszenieren. Später sehe ich mir die Fotos zu Hause an und bin glücklich. In diesem Moment denke ich gar nicht daran, sie zu veröffentlichen. Ich freue mich einfach, sie zu haben. Es ist Sammlerehrgeiz. Oder meine Form von Jagdleidenschaft. Umso mehr wurmt es mich, wenn ich einmal nicht geistesgegenwärtig genug bin und eine sensationelle Szene verpasse, wie es mir wenige Tage später bei einem Spaziergang mit meiner Frau passierte.

Da flatterte in einiger Entfernung ein Schwarm aufgeregter Aaskrähen über einer Wiese. Sie attackierten etwas am Boden. War es ein Hermelin? Es kommt ja vor, dass Rabenvögel auf die Jagd gehen, aber ein Hermelin dürfte zu schnell für sie sein. Dann sehe ich: Es ist tatsächlich ein Hermelin, aber die Krähen haben es auf die Schermaus abgesehen, die es gerade erlegt hat. Jetzt rennt es im Zickzack über die Wiese, um seine Beute in Sicherheit zu bringen, und der ganze Krähenschwarm hinterher. Mit vereinten Kräften versuchen sie, ihm die Schermaus zu entreißen, verteilen sich, schneiden ihm den Weg ab und kommen ihm auch zuvor, als es in seiner Not ein rettendes Loch ansteuert. Da macht das Hermelin das einzig Richtige: Es lässt die Maus fallen und sucht schleunigst das Weite, während sich die Krähen auf die Maus stürzen und sie in Stücke reißen. Das war knapp.

Was habe ich mich hinterher geärgert! Das ganze Drama hatte keine fünfzehn Sekunden gedauert, und so schnell war meine Kamera nicht einsatzbereit. Aber es gab einen Trost, nämlich die Bilder von meinem Tag auf der Hermelinwiese. Aus jedem dieser Fotos geht aufs Schönste hervor, was mich an den Marderartigen so fasziniert. Natürlich ist es ihnen mit der Jagd bitterernst, aber für uns schaut's allerweil wie ein übermütiges Spiel aus, von dem sie nie genug kriegen können.

18
Gedanken zum Thema Liebe

Zu behaupten, meine Liebe gehöre dem Bayerischen Wald, ist nicht ganz richtig. Natürlich liebe ich ihn, aber was habe ich für ein Heimweh gehabt, als ich einmal für zwei Jahre außerhalb von Bodenmais gearbeitet habe.

Nein, ich bin mit Leib und Seele Bodenmaiser. Wenn ich von meiner Terrasse aus ins Land schaue, sehe ich die Erhebung der Hochzell, den Großen Arber, das Gipfelkreuz vom Silberberg, und dann weiß ich, wo ich hingehöre. Dies ist der Ort, wo ich sterben möchte.

Wenn ich mir Fotos von meiner Oma anschaue, Jahrgang 1905, wie sie in ihren Holzschuhen vor dem Bauernhof steht, wo sie als Magd gedient hat … Im Sommer ist sie nur barfuß gelaufen. Der ganze Bayerische Wald war ja lange Zeit ein einziges Armenhaus, und Bodenmais in seiner Abgeschiedenheit war noch ärmer als der Rest. Hier gab's hauptsächlich Holzwirtschaft und Bergbau, das hat nur wenige Leute ernährt, und außerdem ist es bei uns so kalt, in unserem Talkessel auch so eng, dass man nur eine beschränkte Menge Viehzeug durchbringen kann.

Aber wir haben schlaue Menschen hier, und als die Weltkriege vorbei sind, stellen sie fest: Bodenmais ist der schönste Fleck im ganzen Bayerischen Wald. Dann setzt das Wirtschaftswunder ein, jeder will in die Sommerfrische, und Bodenmais explodiert und wandelt sich vom Armenhaus zum

Ferienort. Jetzt erleben wir die Blüte eines Dorfs, das bis dahin nur bettelarme Bergbauern, Sägewerksarbeiter und Bergleute kannte, und heute hat Bodenmais mehr Gasthöfe als Privathäuser. Ich empfinde Hochachtung vor meinen Vorfahren, die innerhalb von siebzig Jahren das Kitzbühel des Bayerischen Waldes geschaffen haben. Wir hatten schon eine Million Übernachtungen im Jahr; in letzter Zeit schaffen wir das nicht mehr ganz.

Für zwei, drei Tage halte ich's schon auch woanders aus, aber ich bin ein Gemütsmensch, mir geht die Verbundenheit über alles, darum kommt zum Leben für mich nichts anderes als Bodenmais infrage. Wenn's mir zu eng wird, gehe ich in den Wald, tagsüber der Tiere wegen und abends, weil ich die Gemütlichkeit ebenso liebe wie das bayerische Helle; dafür gibt's den Bauwagen, der bietet mir beides. Und jetzt sieht wohl jeder, wie's um mich steht. Ich mag die Beständigkeit, ich bin auf die Dauer angelegt, und selbst die Liebe ist für mich etwas Endgültiges, Unwiderrufliches. Wer weiß, vielleicht ist es das, was die Tiere spüren, was für sie den Ausschlag gibt – meine Einstellung zur Liebe.

Denn in diesem Punkt bin ich konsequent. Die Liebe ist für mich das A und O. Glück kann nur entstehen, wo Liebe ist. Das Schönste ist, geliebt zu werden und selbst zu lieben. Keine größere Steigerung von Glück ist für mich denkbar. Aber ich spreche nicht vom Verliebtsein. Viele Menschen verwechseln das eine mit dem anderen, aber es liegen Welten dazwischen. Diese Schmetterlinge im Bauch, weil mich ein Mädchen um den Schlaf bringt, haben mit Liebe nichts zu tun. Sie zeugen lediglich von einem angenehmen Erregungszustand, der irgendwann vorbei ist. Liebe ist tausendmal stärker. Das eine vergeht, das andere nicht. Wenn's nach drei Jahren aus ist, war's keine Liebe.

Und verliebt sein kann man in viele Menschen, aber lieben kann man nur einen. »Ich liebe dich« bedeutet für mich:

»Ich bleibe mein ganzes Leben bei dir – außer, du willst mich nicht mehr.« Fünfundzwanzig Jahre bin ich jetzt verheiratet, und am Sinn dieser drei Worte »ich liebe dich« hat sich für mich bis heute nichts geändert. Und wenn ich's mir recht überlege … Meine Fotos mache ich letztlich nicht einmal für mich selbst. Ich mache sie für meine Frau. Ich würde das Fotografieren lassen, wenn ich diese Aufnahmen hinterher nicht meiner Frau zeigen könnte. Dabei schaut sie sich nicht einen Bruchteil davon an, es sind einfach zu viele, und trotzdem – mein Leben als Woid Woife würde mir nicht halb so viel Spaß machen, wenn meine Frau daran keinen Anteil nähme. Die Liebe, meine und ihre Liebe, macht mich zu dem, der ich bin.

Ich benutze das Wort Liebe also nicht leichtsinnig, und dennoch meine ich: Zeit- und grenzenlose Liebe kann man auch zu Tieren empfinden. Ich tue das, und deshalb mache ich zwischen den einzelnen Tierarten keinen Unterschied. Die Menschen sind das eine, die Welt der Tiere ist das andere, und mich verbindet mit beiden Welten gleich viel. Diese Liebe ermöglicht mir, wilden Tieren so zu begegnen, wie es wenigen Menschen vergönnt sein dürfte. Sie öffnet mir die Tür zu ihrer Welt, sie öffnet mir gleichzeitig die Augen für die Liebe, die unter ihnen herrscht. Das ist natürlich kein wissenschaftlicher Blick auf Tiere. Es ist nicht die Ansicht eines studierten Menschen. Es ist die Meinung eines Menschen, dem die eigene Erfahrung über alles geht. Liebe macht eben nicht blind. Verliebtsein macht blind, aber Liebe macht sehend.

Was sieht man mit den Augen der Liebe? Eine Welt, eine Tierwelt, in der alles uns verwandt und ähnlich ist. In der wir als Lebewesen eigentlich auch selbst unseren Platz hätten. In der wir bei aller Unterschiedlichkeit zusammengehören. Wir Menschen mögen anders sein, doch so anders sind wir auch wieder nicht. Ich aber mache die Erfahrung: Viele

Menschen spüren diese Verbundenheit nicht. Sie glauben, mit einer Wasseramsel, einem Wildschwein nichts gemeinsam zu haben. Sie sind überzeugt, sich eine Eule, einen Marder ganz anders erklären zu müssen als den Menschen. Sie fühlen sich wohl bei der Annahme, Tiere seien frei von Gefühlen und bar jeder Intelligenz, also seelenlose, instinktgesteuerte, einem stumpfsinnigen Fress- und Vermehrungsprogramm unterworfene Wesen, uns Menschen mithin durch und durch fremd – und weit unterlegen.

Wahr ist nach allem, was ich erfahren und beobachtet habe: Liebe, so wie ich sie verstehe, gibt es im Tierreich wahrscheinlich nicht. Monogame Tierarten kommen zwar vor, aber ich tue einem Storch vermutlich nicht unrecht, wenn ich ihm und seiner Lebensgefährtin eher zweckmäßige Gründe als große Gefühle unterstelle. Vielleicht ist seine Art der Ansicht, dass ein eingespieltes Team von Vorteil ist, wenn man sich die Brutpflege teilt; ist dieses Geschäft erledigt, gehen Herr und Frau Storch nämlich bis zum Frühjahr eigene Wege. Beim Rotwild wiederum laufen Brunft und Paarung kurz und impulsiv ab, und was dabei herauskommt, lässt den Hirschen kalt; so jemand sieht in der Monogamie natürlich keinen Sinn, und in der Liebe auch nicht.

Nichtsdestoweniger sind Tiere emotionale Wesen. Anschauungsmaterial dafür enthält dieses Buch reichlich, aber hier noch eine kleine, ganz alltägliche Geschichte von Lebensfreude und Zärtlichkeit.

Ich fotografiere eine Ricke. Sie hat ihre beiden Kitze am unteren Rand einer Waldwiese im Gebüsch abgelegt und grast friedlich am oberen Rand. Die Kitze schauen kurz raus, gehen gleich wieder in Deckung, halten es dann aber doch nicht länger aus und stürmen plötzlich los, über die Wiese, Richtung Mama. So ungestüm, wie sie rennen und springen, ist es ein Bild der überschwänglichen Freude, die sie in diesem Augenblick erfüllt. Sie laufen um die Wette wie zwei Kinder, von denen jedes als Erstes bei der Mutter sein will, überwältigt von dem Glück, eine so wunderbare Mama zu haben. Wie oft hat ihre Mutter ihnen schon eingeschärft, in Deckung zu bleiben? Zwecklos. Die Sehnsucht ist stärker.

Als Erstes wird getrunken. Als Nächstes stöbern die beiden ein bisschen herum – was gibt es hier zu sehen? Aha, nichts Besonderes, also spielen, einander necken, herumtollen – endlich, man hat lange genug brav im Gebüsch herumgelegen, und die Ricke lässt ihnen diesen Leichtsinn durchgehen, sie äst ruhig weiter. Dann erneuter Sinneswandel seitens der Kitze, jetzt rennen sie wieder auf ihre Mutter zu, und diesmal ist nicht Trinken, diesmal ist Schmusen angesagt, gegenseitiges Putzen, Lecken, Liebkosen. Jedes will seiner Mama zeigen, wie gern es sie hat, das Schmusen will gar kein Ende nehmen, das Idyll ist perfekt und die Innigkeit ihrer Beziehung wirklich nicht zu übersehen. Dass ich in derselben Wiese sitze, stört sie nicht; die drei genießen ihr Familienglück und haben ihre Freude aneinander. Und da will mir jemand sagen, es gäbe keine Liebe unter den Tieren?

Natürlich gibt es die, aber sie dauert nur in seltenen Fällen ein Leben lang an. Dauerhafte Mutterliebe zum Beispiel wäre in der Natur ein Riesenproblem. Man stelle sich vor, die Ricke würde ihre Kitze für die nächsten zehn Jahre bei sich behalten – am Ende würde sie mit einem riesigen Kinderstall herumziehen. Nein, die Arterhaltung geht vor, Überleben ist oberstes Gebot, deshalb stirbt die Liebe zwischen Mutter und Kind bald ab, und jeder geht seiner Wege, denn nächstes Jahr kommt neuer Nachwuchs. Es ist eine Liebe, die den anderen nicht festhält, sondern freigibt. Sie währt kürzer als unsere, weil sie auf Selbstständigkeit abzielt.

Wahr ist natürlich auch: Wilde Tiere sehen die Welt anders als wir. Nur – auch unter den sieben Milliarden Menschen dieser Erde gibt es nicht eine einzige Art, die Welt zu begreifen, sondern unendlich viele. Je nach Kultur verhalten wir uns deshalb auch ganz unterschiedlich, zum Beispiel mal rücksichtsvoller, mal weniger rücksichtvoll gegenüber der Natur. So gesehen ist die Weltsicht der Tiere gar nicht so schwer zu verstehen. Was ihre Umwelt und ihre Lebensumstände betrifft, setzen sie auf Anpassung. Tiere müssen nicht alles auf den Kopf stellen, sie greifen nur minimal in die Natur ein und beweisen damit vielleicht einen schärferen Blick für die inneren Zusammenhänge als wir. Sind sie deswegen dümmer? Ich würde sagen: Wenn Intelligenz die Fähigkeit ist, die beste Antwort auf ein Problem zu finden, dann sind Tiere nicht nur sensible Wesen, sondern obendrein auch hochintelligent.

Worin wir uns aber grundsätzlich unterscheiden: Tiere unterziehen sich nicht der Mühe, zwischen Gut und Böse zu unterscheiden. Im Tierreich geschieht alles, ohne ein moralisches Urteil hervorzurufen. Für Moral gibt es keine Verwendung. Erstaunlicherweise versetzt dieser Umstand kein Tier in Panik. Die Abwesenheit von Moral trägt sogar zur Entspannung bei. In Afrika sieht man Gazellen völlig unbekümmert einen Steinwurf weit von Löwen grasen, weil sie wissen: Die sind satt, die tun uns nichts. Für Gazellen gibt es keine guten und bösen Beutegreifer, nur satte und hungrige. Anstelle dieser durchgehenden Ängstlichkeit, die unsere zivilisierte Menschheit beherrscht, lassen sich wilde Tiere von einem Gefahrenbewusstsein leiten, das ihnen eine genaue Unterscheidung zwischen harmlos und gefährlich erlaubt, und solange die Luft rein ist, sind sie die Ruhe selbst. Für sie lauert das Böse eben nicht überall, sie reagieren erst im Angesicht einer realen Gefahr alarmiert – und wissen dann auch, was zu tun ist.

Im Übrigen entdeckt man überall im Tierreich Anzeichen von Kreativität und Lernfähigkeit. Könnten wir mit unseren Händen ein Vogelnest nachbauen, das Kugelnest eines Zaunkönigs zum Beispiel, oder den Kobel eines Eichhörnchens, die Burg eines Bibers? Wahrscheinlich nicht, denn ganz abgesehen vom technischen Geschick verbindet sich hier Instinkt mit Lebenserfahrung. Man beobachte einmal junge Vögel, die zum ersten Mal ein Nest bauen – das klappt noch nicht so richtig, die sind erst im zweiten oder dritten Jahr so weit, dass ihnen ein stabiles und formschönes Nest gelingt. Oder nehmen wir den ausgeklügelten Balztanz eines Auerhahns. Bei einem Jungtier wirkt dieser Tanz noch etwas dürftig, erst nach etlichen Jahren und mehreren Versuchen gerät ihnen die Balz zur Kunstnummer. Solche Fähigkeiten sind eben nicht einprogrammiert, sie entwickeln sich mit der Übung und der Erfahrung, und wer will wissen, ob der Auerhahn nicht unterm Jahr über die Verbesserung seines Balztanzes nachdenkt?

Nun lernt ja auch die Wissenschaft dazu. Plötzlich wird Raben, Eulen und Elstern sogar eine Art Bewusstsein zugeschrieben, also die Fähigkeit, reflektiert auf Sinneseindrücke zu reagieren. Selbst dem berühmt-berüchtigten Spatzenhirn trauen die Wissenschaftler heute allerhand zu. Aber noch immer wird der Fehler gemacht, den Menschen zum Maßstab von Intelligenz zu nehmen, immer noch werden Tiere auf Fähigkeiten getestet, die nur für den Menschen interessant sind. Angenommen, wir würden den Spieß umdrehen und die Intelligenz einer Rauchschwalbe zum Maßstab nehmen – wäre ein Mensch dann eindeutig weniger intelligent, weil er sich ohne Kompass, ohne Landkarte und Wegweiser schon nach wenigen Kilometern verirrt? Das wäre genauso unsinnig.

Ein Tier entwickelt eben nur jene Intelligenz, die es zum Überleben braucht, die es ihm erlaubt, komplizierteste Situationen zu durchschauen und zu meistern – etwa einen Flug von Südafrika über die glutheiße Sahara bis zu einem bestimmten Nest unter einem bestimmten Dach irgendwo in Deutschland. Mit dieser Intelligenz übertrifft es ohne jeden

Zweifel die eines Menschen, genauso wie ein Rothirsch deutlich besser als ein Philosophieprofessor abschneiden würde, den man eine Woche lang in der Wildnis aussetzt. Solche Vergleichstests führen zu nichts. Es gibt allerdings Tierarten, deren Intelligenz durchaus Ähnlichkeit mit der des Menschen aufweist. Dazu gehören die Rabenvögel, zu denen ich im nächsten Kapitel komme.

Man kennt sich. Europäische Eichhörnchen kommen in den unterschiedlichsten Farbschlägen vor.

Eichhörnchen (roter Farbschlag) mit den Ohrpuscheln des Winterfells

Eichhörnchen (schwarzer Farbschlag) noch im Sommerfell ohne Ohrpusch

Viele Eichhörnchen besuchen mich fast täglich.

Ja mei, wenn's juckt. Eichhörnchen kratzt sich.

Biber sieht mir in die Augen.

Auch Biber lieben die frischen Blätter der Heidelbeere.

Genuss mit geschlossenen Augen. Dabei setzt der Biber geschickt seine »Hände« ein.

Steinmarder Matilde: Sie wuchs schnell und trank immer gierig ihre Milch.

Lange besuchte sie mich auch noch als »großes Mädchen« im Wald.

Anfangs suchte auch Clotilde (unten) meine Nähe.
Sie wurde aber schon bald sehr scheu, wie es typisch für Marder ist.

Das kleinste Raubtier der Erde: das winzige Mauswiesel

Allesfresser Rabenkrähe

Hochintelligent: Diese Rabenkrähe weicht eine harte Semmel einfach in einer Pfütze ein.

Die Saatkrähe brütet im Gegensatz zur Rabenkrähe gesellig in Kolonien.

Wenn er zum Aas kommt, haben die Rabenkrähen das Nachsehen: der etwa bussardgroße Kolkrabe.

Herbstmoment mit Buntspecht und Fliegenpilzen

Baumläufer mit gebogenem Pinzettenschnabel, mit dem er zwischen der Rinde nach Insekten und Spinnentieren stochern kann.

Blaumeise beobachtet mich neugierig.

Frühlingsbote. Jeder kennt seinen Ruf,
doch nicht alle wissen, wie er aussieht: der Kuckuck.

Selten abgelichtetes Naturschauspiel: Kohlmeise auf Aas

Wie ein Greifvogel verteidigt sie die Waldmaus mit ausgebreiteten Flügeln (»Manteln« genannt) gegenüber Kontrahenten.

Haubenmeise im Winterwald

19

Jeder kennt sie, nicht jeder mag sie – die Rabenvögel

Die folgende Geschichte hat mir ein Freund erzählt, ein Jäger. Er hatte vor, Kolkraben zu beobachten, und zwar über längere Zeit von seinem Hochsitz aus, nicht bloß im Vorbeigehen, wie es die meisten machen. Er wusste, dass auf die Neugier dieser Vögel Verlass ist, erschien eines Tages mit einem Eimer auf der Wiese vor seinem Jägersitz und grub ihn bis zur Hälfte im Boden ein. Er machte das am helllichten Tag, für alle Kolkraben weit und breit sichtbar, und als der Eimer im Boden steckte, hantierte er eine Weile daran herum, tat so, als würde er etwas hineinlegen, ging dann weg und bezog seinen Beobachtungsposten. Tatsächlich aber war der Eimer leer, das Ganze war nur eine kleine Show gewesen, um den Raben zu denken zu geben.

Es dauerte auch nicht lange, bis einige Kolkraben angeflogen kamen und vielleicht zehn Meter vor dem Eimer landeten. Das Unternehmen wollte wohlerwogen sein, also marschierten sie zunächst eine Weile auf und ab und unterredeten sich (was sich übrigens wie die gurgelnden, krächzenden Laute der Raptosaurier in dem Film *Jurassic Park* anhört). Bald darauf aber wurde die Neugier für sie unerträglich, und sie riskierten es, hüpften auf den Eimer zu und schielten mit schräg gelegtem Kopf vorsichtig hinein, um das Innere des Eimers schließlich mit beiden Augen gründlich zu erforschen. Mein Freund will ihnen angesehen haben, wie sie hin- und herüberlegten: Was zum Teufel hat dieser Mensch hier bloß getrieben? Wieso hat er sich zehn Minuten lang mit diesem Eimer abgegeben? Da nun aber der Eimer auch nach gründlichster Inspektion sein Geheimnis nicht preisgeben wollte, flogen sie irgendwann wieder ab, wahrscheinlich nur halb zufriedengestellt. Immerhin, sie waren der Sache nachgegangen und würden die kommende Nacht wenigstens gut schlafen können …

Ein paar Tage später ging mein Freund einen Schritt weiter. An derselben Stelle setzte er wieder einen Eimer in die Erde, hantierte auch wieder eine Weile lang herum, nur diesmal setzte er einen Blechdeckel drauf. Und die Raben kamen natürlich zurück. Sie guckten sich die Sache an, identifizierten den Deckel auch richtig als Deckel und beschlossen, ihn zu entfernen. Als Rabe weiß man, wie das geht. Einer fasste den Deckel also mit dem Schnabel am Henkel und zog ihn runter. Wunderbar, es funktionierte, nur dass er im Fallen ein schepperndes Geräusch machte. Damit hatten sie nicht gerechnet. Alle flatterten vorsichtshalber auf und verteilten sich auf die nächsten Äste, dachten kurz nach, fanden, dass sie dem Scheppern zu viel Bedeutung beigemessen hatten, flogen also wieder zurück und setzten ihre Untersuchung fort. Der Eimer war aber immer noch leer. Leck mich, werden sie gedacht haben, das gibt's doch nicht, offenbar will uns jemand an der Nase herumführen – und damit war diese seltsame Angelegenheit für sie nun aber wirklich und endgültig erledigt.

Schon erstaunlich, dass ein Tier sich fragt, was der Mensch macht, vielleicht sogar, warum er es macht und wie er es gemeint haben könnte. Aber diese Neugier zeichnet alle Rabenvögel aus. Sie wollen es partout wissen. Welches andere Tier verfolgt schon die Aktivitäten des Menschen mit so offensichtlichem Interesse? Einer Taube jedenfalls wäre schnurzegal gewesen, ob irgendwer irgendwo einen Eimer vergräbt. Für einen Bussard hätte man schon ein paar Mäuse dazulegen müssen; der Eimer selbst hätte ihn dann aber immer noch kaltgelassen. Nur Rabenvögel scheinen grundsätzlich davon auszugehen, dass die Welt ein geheimnisvoller Ort ist und es sich lohnt, ihre Geheimnisse zu lüften. Wollten diese Kolkraben also wirklich wissen, was sich dieser Mensch dabei gedacht hatte, als er den Eimer vergrub? Hatten sie der Sache wirklich auf den Grund gehen wollen? Ich weiß es natürlich nicht, auch mir ist es nicht gegeben, in die Köpfe der beteiligten Raben hineinzusehen. Vielleicht fühlen sie sich durch ihre Intelligenz uns Menschen ja tatsächlich stärker verbunden als andere Tiere. Fest steht, dass wir ihre Neugier wecken. Und fest steht auch, dass Neugier erfinderisch macht.

Nun wären wahrscheinlich nicht alle Rabenvögel die Eimerfrage so kurz entschlossen angegangen wie diese Kolkraben. Ein Vogel von der Größe und Kraft eines Kolkraben traut sich natürlich mehr zu als eine halb so große Krähe bei gleicher Intelligenz, von dem nervösen Eichelhäher ganz zu schweigen – der wittert ja überall Verrat, der kann nicht vorsichtig genug sein. Aber bevor ich weitere Beobachtungen folgen lasse, sollten wir uns einen Überblick über die Familie der Rabenvögel verschaffen.

Rund einhundertzwanzig Arten von Rabenvögeln gibt es auf dieser Welt, und alle zählen sie – man soll's nicht glauben – zu den Singvögeln. Im Bayerischen Wald ist die Rabenkrähe zu Hause, auch die Nebelkrähe kommt vor, allerdings erst an den Ausläufern des Waldes. Und weiter unten im Flachland, wo sich Felder erstrecken, begegnet man der Saatkrähe, die zu Hunderten auf Bäumen in sogenannten Kolonien lebt. Dazu kommt in den Ortschaften die Dohle und weiter oben, im Arbergebiet, der Tannenhäher. Auch der Eichelhäher gehört zu den Rabenvögeln, und natürlich der Kolkrabe, ein imposanter Kerl, doppelt so groß wie die meisten Krähenarten, mit bis zu eineinhalb Metern Spannweite vom Format eines Bussards. Fast alle sind sie mehr oder weniger schwarz – einige von der Schnabelspitze bis zur Schwanzfeder, andere mit weißen oder grauen Partien, und die meisten haben eine Vorliebe für Aas.

Wie immer gibt es Ausnahmen. Eichel- und Tannenhäher halten sich lieber an Früchte und Nüsse, die sie bisweilen vergraben und so zur Verbreitung der entsprechenden Baumarten beitragen; wie die Saatkrähe freuen sie sich aber auch über Würmer, Nacktschnecken und Käfer. Ansonsten aber übernehmen Rabenvögel bei uns die Funktion von Geiern. Entdecken sie einen Kadaver – hat ein Luchs beispielsweise einen Hasen liegen gelassen, weil er nur auf die Keulen scharf war –, kommen sie scharenweise angeflogen, machen sich über den Rest her und lassen keinen Fetzen Fleisch übrig – vorausgesetzt, der Fuchs war nicht schneller. Ich weiß, dass Aasfresser uns nicht unbedingt sympathisch sind, aber eins muss man den Rabenvögeln lassen: Sie halten den Wald sauber.

Apropos Sympathie … Sie sind ja allgegenwärtig, im Stadtbild, in Parks, auf freiem Feld. Das heißt: Jeder kennt sie. Aber nicht jeder mag sie. Vermutlich hat das mit ihrem Auftreten zu tun. Nie legen sie die gebotene Zurückhaltung an den Tag, die wir vielleicht von Tieren erwarten. Klein beizugeben scheint ihnen auch nicht zu liegen, ganz im Gegenteil – zarter besaitete Gemüter könnten sie als keck, frech, sogar anmaßend empfinden. Da ist was dran, aber wie wäre es damit, ihr Selbstbewusstsein anzuerkennen, ihre Furchtlosigkeit zu bewundern? Mir nötigen diese Rabenvögel jedenfalls Achtung ab, und wirklich beeindruckend finde ich den Größten von allen, den Kolkraben.

Eins meiner Lieblingsfotos zeigt eine Landschaft mit einem Kadaver – wahrscheinlich war's ein Reh. Um diesen Kadaver herum sitzt irgendwie unentschlossen ein ganzes Dutzend

Rabenkrähen, und in der Mitte, auf dem Aas, thront geradezu majestätisch ein Kolkrabe, sich seiner Unangreifbarkeit anscheinend vollauf bewusst. Der Größenunterschied zwischen Krähen und Rabe springt ins Auge, und man begreift, weshalb diese Krähen ihm unverzüglich Platz gemacht haben, als er dazukam – man braucht nur die Schnabellängen zu vergleichen, um zu wissen, wer hier den Kürzeren ziehen würde. Wo immer sich ein Kolkrabe nähert, ist er unter den Rabenvögeln konkurrenzlos und eindeutig der Chef. Nicht nur uns Menschen verleiht das Bewusstsein von Größe und Stärke Sicherheit, auch der Kolkrabe bewegt sich mit der Selbstverständlichkeit eines Tiers, dem kaum ein anderes gewachsen ist.

In kleinen Trupps gehen Raben sogar auf die Jagd, greifen Tiere bis zur Größe eines jungen Rehs an, fallen manchmal sogar über Lämmer oder kranke Schafe her und versuchen, ihre Beutetiere mit Schnabelhieben zu töten. Selbstbewusstsein ist allerdings auch Krähen nicht fremd. Man hat schon welche beobachtet, die sich mit großen Greifvögeln anlegen und selbst einen Steinadler an den Schwanzfedern ziehen. Diese Krähen wissen durchaus, dass sie im nächsten Moment tot sein könnten, und es gibt Aufnahmen, auf denen ein Steinadler mit einer Krähe kurzen Prozess macht, aber sie gehen das Risiko trotzdem ein – so viel Stunk muss sein.

Kurzum: Als Rabenvogel traut man sich was. Weil man sich für schlauer als alle anderen hält? Womöglich. Ihre Intelligenz ist jedenfalls unbestritten. Ich habe zum Beispiel die Beobachtung gemacht, dass überfahrene Krähen am Straßenrand ein äußerst seltener Anblick sind. Mäusebussarde und Turmfalken werden häufig Opfer des Straßenverkehrs, sogar Füchse erwischt es hin und wieder, aber tote Krähen sind eine Rarität, obwohl auch sie sich gern auf überfahrene Tiere stürzen – und obwohl Krähen viel zahlreicher als Bussarde und Turmfalken sind. Offenbar können

Rabenvögel die Geschwindigkeit und die Entfernung eines fahrenden Autos besser einschätzen als andere Tiere.

Und nicht nur das. Sie machen sich den Straßenverkehr sogar zunutze. Was stellt eine Elster mit einer Walnuss an? Sie wirft sie auf eine befahrene Straße und wartet ab, bis ein Auto kommt, drüberfährt und ihr die Nuss knackt. Krähen verfahren genauso. Ich habe sogar schon erlebt, dass eine Nuss ungenau platziert war, woraufhin der Vogel die Nuss aufgenommen und einen halben Meter weiter abgelegt hat, wo sie mit größerer Sicherheit von den Reifen eines Autos erfasst werden würde. Rabenvögel verfügen also durchaus über physikalisches Grundwissen und benutzen sogar Zweige oder Stöckchen, um ähnlich wie Schimpansen in einer Höhlung herumzustochern.

Zahllose weitere Beispiele könnte ich anführen. Kein Wunder, dass sich die menschliche Fantasie insbesondere mit den Raben seit jeher stark beschäftigt hat. In unserer Vorstellung flattern sie über Hinrichtungsstätten, kreisen als Unheilsboten über schaurigen Gebirgsschluchten oder düsteren Ruinen, bewähren sich als die Gefährten von Hexen und Zauberern, stibitzen Gegenstände und mischen sich auch sonst in die Geschäfte der Menschen ein, oft in schelmischer Absicht. Jedenfalls scheinen sie eine besondere Nähe zum Menschen zu haben, und wenn wir sie als frech, raffiniert oder geistesgegenwärtig bezeichnen, gestehen wir ihnen diese Nähe auch zu. Ja, manch einer mag sie nicht, andere sind zwischen Bewunderung und Unbehagen hin- und hergerissen, aber mich bringen sie immer wieder zum Staunen – etwa dann, wenn ich auf einem Supermarktparkplatz eine Krähe dabei beobachte, wie sie eine alte, trockene Semmel in einer Pfütze aufweicht, damit sie ihr nicht in der Kehle stecken bleibt.

So zahlreich die Rabenvögel sind, so selten landet seltsamerweise einer als Notfall bei mir. Einige Krähenbabys, zwei

Eichelhäher, das war's schon. Ich bin nicht unglücklich darüber, denn Rabenvögel haben einen ausgesprochenen Hang zum Menschen und können leicht Fehlprägungen entwickeln. Hellwach und neugierig, wie sie sind, machen sie einem alles nach, lernen unter Umständen sogar sprechen und würden in freier Wildbahn später keine gute Figur machen – eine Krähe, die im Vorbeifliegen einer anderen ein freundliches »Grüß Gott« zuruft, dürfte sich bei ihren Artgenossen schnell unmöglich machen. In allen Naturforen heißt es deshalb: Niemals einen Rabenvogel für sich allein aufziehen!

Klar, aber was soll ich machen, wenn ich nur ein einziges Krähenbaby habe? Zum Nest hochklettern und eine Krähenmama höflich fragen, ob sie eins ihrer Jungen entbehren kann? Also, bisher haben meine Krähen stets sofort das Weite gesucht, kaum dass ich sie aus ihrem Käfig entlassen hatte. Selbst mein letzter Eichelhäher hat kurz vor dem Ausfliegen eine deutliche Scheu vor mir entwickelt, und Eichelhäher sind noch heikler als Krähen, bei denen besteht wirklich die Gefahr, dass sie dir irgendwann auf der Schulter sitzen und gar nicht mehr wegwollen.

Ich habe eben keinen Kontakt zu ihm gesucht. Ich habe nicht mit ihm geredet. Ich hatte ihn nicht in der Wohnung neben dem Fernseher stehen. Anfangs saß er in der Voliere im Büro, hat mich nur zum Füttern und Saubermachen gesehen und im Übrigen einer CD mit den Stimmen seiner Artgenossen gelauscht, und obwohl er noch nie einen Eichelhäher gehört hatte, reagierte er sofort und drehte den Kopf in Richtung Lautsprecher. Er wusste offensichtlich, dass er ein Eichelhäher und kein Mensch ist, und am Ende hat er vor Ungeduld geschrien, da konnte ihm das Auswildern gar nicht schnell genug gehen. Womit bewiesen wäre, dass man sich für die Aufzucht von Rabenvögeln keine Handschuhe überziehen muss, die wie Krähenfüße aussehen, und auch keine Krähen- oder Eichelhähermaske aufzusetzen braucht.

Sprachbegabt übrigens sind sie alle, aber der Eichelhäher besonders. Der singt zwar nicht das Deutschlandlied, führt einen aber immer wieder mal als Stimmenimitator an der Nase herum. Es kann passieren, dass man im Wald wiederholt das miauende »Hiiiäää« eines Mäusebussards vernimmt, ohne dass sich einer am Himmel zeigen würde, bis man entdeckt: Dieser Ruf kommt aus dem Schnabel eines Eichelhähers! Was er sich dabei denkt? Keine Ahnung. Er macht ja nicht nur den Bussard nach, er imitiert auch viele andere Vögel, und ob das nun unter Fortbildung fällt oder ob ihn die Alltagsroutine im Wald langweilt – ich weiß es nicht. Bemerkenswert ist immerhin, dass ihm, soweit ich weiß, noch nie ein Bussard geantwortet hat. Der Bussard scheint ihn zu durchschauen, aber das stört den Eichelhäher nicht. Irgendwer wird schon auf ihn reinfallen, und wenn's der Woid Woife ist.

20
Kohlmeise frisst Maus

Da wildert man Auerhähne in einer ruhigen Landschaft mit gesunden Bergwäldern und einigem Fichtenbestand aus, das Unternehmen scheint auch zu glücken, die scheuen Vögel finden offenbar alles zu ihrer Zufriedenheit vor, und dann stellt sich heraus, dass der Nachwuchs ausbleibt. Sie vermehren sich einfach nicht. Warum? Es dauert eine Weile, bis man dahinterkommt: Etwas Elementares fehlt, nämlich Ameisenhaufen. Aber wozu braucht ein so penibler, so wählerischer Vegetarier wie der Auerhahn Ameisen? Und die auch noch haufenweise?

Antwort: als Babynahrung, anstelle von Muttermilch. Zum Wachstum, zum Muskelaufbau. Ameisen sind aus Sicht von Vögeln nämlich nichts anderes als tierisches Eiweiß, und etwas Besseres gibt es für den Start ins Leben nicht. Zwar stellt die Natur auch pflanzliches Eiweiß her, aber in viel zu geringen Mengen – das Eiweiß einer ganzen Wiese könnte man auch in Form einer einzigen Pille aufnehmen, als künstlich erzeugtes Konzentrat, aber diese Möglichkeit haben Wildtiere nun einmal nicht. Die einzige Art, in freier Wildbahn an die notwendigen Mengen von Eiweiß zu gelangen, besteht im Verzehr von Fleisch, also von Ameisen und Spinnen, Würmern und Raupen. Fast alle Vogeleltern füttern ihren Nachwuchs daher nicht mit Sonnenblumenkernen, sondern mit kleinen Beutetieren. Sicher gibt es Arten, die später zu reinen Vegetariern werden, aber auch sie sind am Anfang ihres Lebens meist Fleischfresser. Das ist der Grund, weshalb wir im Frühjahr Blaumeisen, Kohlmeisen und andere Singvögel mit einer Raupe oder einem Käfer im Schnabel vorbeifliegen sehen.

Aber kehren wir noch einmal zum Auerhahn und seinem Bedarf an tierischem Eiweiß zurück. Warum müssen es unbedingt Ameisen sein? Könnten die kleinen Auerhähne nicht ebenso gut versuchen, Mücken oder Fliegen aus der Luft zu schnappen?

Selbstverständlich, aber von zehn Versuchen würden wahrscheinlich neun scheitern, und da sich in der Natur alles an die Regel hält, den Energieverlust bei der Energiezufuhr so gering wie möglich zu halten, wählt das Auerhuhn ein anderes Verfahren: Es spaziert mit seinen Jungen nach dem Schlüpfen als Erstes zum nächsten Ameisenhaufen. Auerhahnküken sind nämlich Nestflüchter, sie werden nicht gefüttert, sie sind von Anfang an mobil und klemmen sich jetzt an die Fersen ihrer Mutter, die ihnen den Weg zum ersten Schlemmermenü ihres Lebens zeigt. Ist das Ziel erreicht, setzt sich die Alte daneben und hält Wache, während die Kleinen über den Ameisenhaufen herfallen und sich über das Riesenangebot an tierischem Eiweiß freuen. Wo diese Babynahrung fehlt, wird's schwierig. Da sind die Überlebenschancen der Kleinen zumindest deutlich geringer.

Doch nicht nur Küken schlagen sich den Wanst mit Insekten voll – ihre Eltern machen es genauso. Im Frühjahr stellen fast alle Vögel, die den Winter über mit Sonnenblumenkernen zufrieden gewesen sind, auf Fleisch um. Zwar gibt es einige Vogelarten, die ihrer vegetarischen Lebensweise auch im Frühling eisern treu bleiben, aber wir können sicher sein: Die allermeisten Vögel, die in der kalten Jahreszeit unsere Futterstation im Garten besucht haben, machen jetzt Jagd auf Insekten, von der Kohlmeise bis zum

Rotkehlchen. Und jetzt kommen schon wieder die Ameisenhaufen ins Spiel.

Ameisen legen ihre Haufen mit Vorliebe dort an, wo sie möglichst viel Sonnenlicht abkriegen; Ameisenhaufen sind deshalb im Frühjahr eher schneefrei als das Gelände ringsum. Das ist den Ameisen lieb, das ist aber auch noch einem anderen Tier recht. Bisweilen entdeckt man nämlich verräterische Löcher in diesen Haufen, als hätte jemand mit der Hand hineingegriffen, und sogar regelrechte Gänge – das sind die typischen Fressspuren eines Spechts. Der hat den Winter über notgedrungen vegetarisch gelebt, lechzt jetzt nach tierischem Eiweiß und ergreift die erste Gelegenheit, sich in einen Ameisenhaufen zu wühlen, um endlich wieder deftige Kost zu genießen. Da die Ameisen der Kälte wegen immer noch zurückgezogen tief in ihrem Bau leben, muss er oft ordentlich graben, aber diese Anstrengung nimmt er in Kauf.

Für viele Vogelarten waren die Körner im Winter also nur eine Notlösung. Bestimmten Arten wie der Schwalbe aber könnten wir so viel Körnerfutter hinlegen, wie wir wollen, sie wüssten damit gar nichts anzufangen und würden trotzdem verhungern. Deshalb suchen Schwalbe, Wespenbussard und andere im Winter südliche Regionen auf – nicht, weil sie es gern warm haben, sondern weil Afrika jederzeit Insekten zu bieten hat. Aber auch jene Vögel, die bei uns bleiben, greifen begeistert zu, wenn sich ihnen zufällig die Gelegenheit zu einer Zwischenmahlzeit aus reinem Fleisch bietet. Dieser Tatsache verdankt sich eine der seltsamsten Fotoserien, die ich je gemacht habe – eine echte Rarität.

Es war im Februar 2019. An einem eiskalten Tag stapfte ich im hohen Schnee durch den Wald, als mir das Geschrei von Kohlmeisen zu Ohren kam. Es klang erregt, aber nicht nach Panik, eher so, als herrsche da Trubel, eine Art Jahrmarktstimmung. Da ich auf jede, auch die beiläufigste Information des Waldes achte, wurde ich stutzig. Was war da los? Ich ging diesem Geschrei nach, und da saßen sie, auf verschiedene Äste eines Baums verteilt. Ich blieb in einiger Entfernung stehen und bemerkte, dass die Blicke dieser Kohlmeisen immer wieder nach unten gingen. Noch waren sie unschlüssig, noch erschien ihnen die Sache nicht ganz geheuer, aber dann fasste sich die erste Meise ein Herz, flog hinunter, landete am Boden, machte ein paar Hüpfer, und da entdeckte ich den Grund für ihre Aufregung: Aus dem Schnee ragte der Kopf einer erfrorenen Waldmaus hervor. Und was machte diese Kohlmeise? Sie fing energisch an zu scharren, um die Maus freizulegen.

Offensichtlich fühlten sich die anderen jetzt doch ein bisserl von mir gestört, jedenfalls trauten sie sich nicht von ihren Ästen. Also ging ich etwas zur Seite, suchte mir einen Baumstumpf, nahm die Kamera zur Hand und wartete ab. Mir war sofort klar: Was sich hier abspielt, ist höchst selten zu beobachten. Davon existieren bisher auch kaum brauchbare Fotos.

Und jetzt fing die erste Meise an, ihren Schnabel in den Hals der Maus zu schlagen. Mit kräftigen Hieben öffnete sie den Kadaver, schlang das Mäusefleisch regelrecht in sich hinein und ging dabei mit einem solchen Eifer vor, dass ihr bald Fleischstückchen am Schnabel klebten. Die Unruhe oben im Baum wuchs, eine zweite Meise stieß zu ihr, und die erste reagierte, wie man es von Greifvögeln kennt: Sie mantelte. Sie breitete, mit anderen Worten, ihre Flügel schützend über ihre Beute, schirmte sie gegen den Konkurrenten ab und machte auf diese Weise ihren Besitzanspruch geltend. Das half nicht viel. Die Party war eröffnet, eine nach der anderen kam heran, jede wollte einen Bissen abhaben, und nun bot sich ein Bild, wie wir es aus Afrika kennen: Wie die Geier scharten sie sich um den Kadaver und machten sich gegenseitig die besten Stücke streitig – das

Ganze hier aber im Miniaturmaßstab, mit Kohlmeisen in der Rolle von Geiern.

Nach einer Stunde waren von der Maus nur noch Fellfetzen übrig, der Rest war in Meisenmägen verschwunden, und so entstanden sehr, sehr seltene Aufnahmen. Zwar war die Sache selbst eigentlich nichts Besonderes. Nach harten Wintermonaten freut sich jeder Allesfresser über eine üppige Zufuhr von tierischem Eiweiß, und für die Meisen war die Maus natürlich wie sechs Richtige im Lotto – aber soviel ich weiß, hatte bis dahin noch niemand diesen Vorgang so ausführlich dokumentiert.

Als diese Bilder später durchs Internet gingen, lösten sie Befremden aus – eine Meise, die sich in einen Geier verwandelt? Unmöglich! Ja, eine Spinne oder Raupe lassen die Leute einem Singvogel durchgehen, damit dürfte eine Meise ruhig über die Terrasse spazieren, aber Säugetiere fressen? Das geht zu weit. Dabei würden sich Kohlmeisen sogar über ein totes Reh hermachen, vorausgesetzt, die Krähen ließen sie zum Zuge kommen. Hauptsache, Fleisch, Hauptsache, tierisches Eiweiß, und besser eine Maus als eine Raupe, denn da ist viel mehr dran. Wer sich mit Vögeln auskennt, legt deshalb im Frühjahr auch Mehlwürmer für die Vögel in seinem Garten aus, als Futter für deren Nachwuchs.

Im Übrigen können sich nicht nur Singvögel im Winter für Fleisch erwärmen. Auch Eichhörnchen sind alles andere als Nüsse knabbernde Vegetarier. Als Allesfressern ist ihnen tierisches Eiweiß in allen Formen willkommen, und ob es nun Vogeleier oder Küken sind, sie greifen beherzt zu. Damit kommen wir zu meinen direkten Bauwagennachbarn, den zu Recht beliebten, aber doch nicht ganz so harmlosen Eichhörnchen.

21

Der Flinke mit den Ohrpuscheln – das Eichhörnchen

Stimmt es, dass böse, graue, amerikanische Eichhörnchen gute, braune, europäische Eichhörnchen nach und nach verdrängen und am Ende gar … nein, nicht auszudenken! Aber stimmt es auch? Nein, es stimmt nicht. Das sind Fake News, bitte nicht glauben. Die Mär vom eingeschleppten grauen Eichhörnchen hat sich in den Köpfen festgesetzt, und mancher hält schon alles für amerikanisch, was in der Welt der Eichhörnchen nicht braun ist, aber in Wirklichkeit verhält es sich so: Das Grauhörnchen ist in Deutschland überhaupt noch nicht angekommen, es hat bislang erst England und Italien erreicht. Also Entwarnung. Trotzdem kommt mir immer wieder die Schreckensnachricht vom aggressiven grauen Eichhörnchen zu Ohren. Wer setzt so etwas in die Welt?

Zum Beispiel jemand, der ein schwarzes Eichhörnchen dabei beobachtet, wie es ein rotes draußen im Garten durchs Geäst jagt. Dieser Jemand verbreitet seine Beobachtung, mit ein paar apokalyptischen Bemerkungen versehen, als Nachricht im Internet, und schon steht für Eichhörnchenfreunde in halb Deutschland fest, bei dem schwarzen habe es sich um einen dieser gnadenlosen Einwanderer gehandelt. Wahr ist: Unser einheimisches Eichhörnchen kann in allen möglichen Farbschattierungen auftreten, als braunes, rotes, schwarzes und scheckiges, ja, ihr Winterfell erscheint manchmal sogar verdächtig grau. Aber es ist immer dieselbe europäische

Eichhörnchenart, so wie blonde Menschen derselben Art angehören wie braun-, rot- und schwarzhaarige. Es kommt auch vor, dass Eichhörncheneltern sowohl rote als auch schwarze Junge bekommen.

Die Farbe des Fells hängt bei unseren Eichhörnchen nämlich im Wesentlichen von der Höhenlage ab. Hier im Bayerischen Wald vererbt sich schwarz besser als braun, weil der Besitzer eines solchen Fells in kalten Regionen weniger friert. Auch bei zwanzig Grad minus hätte er den Vorteil eines wohlig-warmen Pelzes, sobald die Sonne herauskommt. Im Übrigen gibt es ein todsicheres Unterscheidungsmerkmal, jedenfalls in den Wintermonaten: Dem europäischen Eichhörnchen wachsen im Spätherbst Haarpinsel oder Puschel an den Ohren, die es wie Batman ausschauen lassen, während das amerikanische ganzjährig seine runden Ohren beibehält. Diese Puschel sind nichts anderes als ins Winterfell eingebaute Ohrwärmer, und so, wie wir uns gegen den Frost mit einer Wollmütze schützen, spendiert die Natur dem Eichhörnchen einen Satz wärmender Puschel. Im Frühjahr bilden sie sich wieder zurück, und den Sommer über lässt sich die amerikanische von der europäischen Art jedenfalls nicht an den Ohren unterscheiden.

Diese Puscheln werden auch Hörnchen genannt, und so einfach erklärt sich der zweite Teil seines Namens. Der erste Teil wird im Allgemeinen auf Eiche oder Eichel zurückgeführt, was naheliegt, aber leider falsch ist. Dieses »Eich« leitet sich nämlich von dem altdeutschen Wort »aig« her, das so viel wie flink bedeutet, und damit hätten wir hier den seltenen Fall eines Tiernamens, der ganz vom Erscheinungsbild, von der Anmutung ausgeht: Auf Neuhochdeutsch würde aus dem Eichhörnchen also der »Flinke mit den Ohrpuscheln«. Ungeachtet dessen stellen viele Maler das Eichhörnchen bis heute mit einer Eichel in den Pfoten dar – und tun ihm damit doppelt unrecht.

Denn Eicheln werden nur im Notfall gefressen. Eichhörnchen, die in Eichenwäldern leben, sammeln und vergraben sie zwar in Mengen, werden sie aber kaum wieder ausgraben, solange es Schmackhafteres gibt. Ich habe sehr viele Eichhörnchen großgezogen und musste jedes Mal feststellen: Das ganze Futter war weg, nur die Eicheln lagen zum Schluss immer noch im Käfig.

Was sie lieben, sind Nüsse. Die sind aber nicht ihre Hauptnahrung. Kein Eichhörnchen muss verhungern, bloß weil der Hasel- oder Walnussbaum mal keine Früchte trägt. Richtigerweise sollte man es mit einem Tannen-, Fichten- oder Kiefernzapfen in den Pfoten abbilden, denn ihr Grundnahrungsmittel ist der Samen unter den Schuppen; Bucheckern und andere Baumfrüchte schmecken ihnen aber auch. Was kein Maler übers Herz bringen würde, nämlich ein Eichhörnchen mit einem nackten, angebissenen Amselküken in den Pfoten darzustellen, kommt, wie gesagt, im wahren Leben zwar durchaus vor, passt aber nicht in unser Bild. Wir vermögen uns dieses Tier ja kaum beim Verspeisen eines Wurms oder einer Schnecke vorzustellen, aber – Allesfresser fressen nun mal tatsächlich alles. Einmal habe ich ein Eichhörnchen sogar dabei beobachtet, wie es Pech fraß, also am Baumharz knabberte. Was Bäume da absondern, ist nämlich eine sehr zuckerhaltige Masse, und dem Eichhörnchen wird dieses Pech den Schokoriegel ersetzt haben.

Bevor ich zu meinen eigenen Erfahrungen mit Eichhörnchen komme, soll noch schnell ein zweiter Irrtum ausgeräumt werden: Eichhörnchen halten keinen Winterschlaf. Viele glauben, wenn sie Eichhörnchenspuren im Schnee sehen, das arme Tier habe sich in einem Anfall von Verzweiflung ganz gegen seine Gewohnheit auf Nahrungssuche begeben, weil es kurz vor dem Verhungern sei, aber keine Sorge – zu dieser Annahme besteht kein Grund. Eichhörnchen kennen zwar eine Art Winterruhe, doch das heißt lediglich: An richtig eiskalten Tagen, wenn's stürmt und schneit, klinken sie sich für zwei, drei Tage aus, ziehen sich in ihrem Nest die Decke übern Kopf und warten, bis die Sonne wieder zum Vorschein kommt. Wenn sich dann der Hunger meldet, hindert sie auch keine noch so dichte Schneedecke daran, draußen rumzulaufen und sich den Wanst vollzuschlagen.

Aber wo wohnt das Eichhörnchen überhaupt? Diese Frage klären wir rasch auch noch. Genau genommen ist seine Behausung nämlich kein Nest, wie ich es eben genannt habe, sondern ein Kobel. Zwar nimmt es auch gern in einer Höhle Quartier, zum Beispiel einer verlassenen Buntspechthöhle, doch häufig baut es sich selbst etwas, das dem sehr stabilen, rundum geschlossenen Nest einer Krähe ähnelt. Die Außenwand besteht aus einem soliden Flechtwerk aus Ästen und Zweigen, das Innere wird mit Moos und anderen weichen Materialien ausgepolstert, und weil Eichhörnchen auf Nummer sicher gehen, hat der Kobel zwei Ausgänge: einen im unteren Bereich, den sie gewöhnlich benutzen, und einen oben, der bei Gefahr als Notausgang dient.

Da der Kobel in großer Höhe angebracht wird, ist er für uns nicht einsehbar. Eichhörnchen beim Kobelbau zu beobachten ist hingegen kein Problem, weil sie eigentlich ständig mit Bauen oder Ausbessern beschäftigt sind. Wer mit wachem Blick durch den Wald geht und nicht nur auf die Prachtexemplare der Schöpfung fixiert ist, der sieht sie unentwegt mit einem Zweig im Maul am Stamm entlang und durch die Krone laufen; mit etwas Glück erwischt er sie sogar dabei, wie sie einen Batzen Moos abreißen und damit im üblichen Eichhörnchengalopp in Richtung Kobel laufen, weil sie noch in derselben Nacht in ihrem neuen Bett zu schlafen gedenken. Viel Arbeit also, und dabei besitzen Eichhörnchen gleich mehrere Kobel, über ihr ganzes Revier verteilt.

Eichhörnchen verhalten sich innerhalb ihres Gebiets nämlich wie Nomaden und wechseln die Behausungen. Mit diesem Trick dürften sie Beutegreifer in die Irre führen; ein wichtiger Aspekt bei allen ihren Unternehmungen, denn Eichhörnchen haben viele Feinde. Hätten sie bloß einen einzigen Kobel, bräuchte der Habicht dort nur auf sie zu warten; bei vier oder fünf Übernachtungsplätzen aber kriegen Marder und Habicht nicht so leicht mit, wo sie sich gerade aufhalten, und müssen sich damit abfinden, dass Familie Eichhörnchen heute Abend eben mal nicht zu Hause ist.

So stabil, komfortabel und gut in Schuss gehalten ein Kobel aber auch immer sein mag – einen, vielleicht unvermeidlichen, Konstruktionsfehler weist er auf. Man stelle sich vor: In warmen Jahren gibt es mehr Nachwuchs als in kühleren, und jetzt liegen drei oder vier Junge dort drinnen, nebeneinander, übereinander, bei Außentemperaturen von dreißig, fünfunddreißig Grad – da wird der Kobel zur Sauna. Was machen die hitzegeplagten Jungtiere? Alle versuchen, sich Platz und Luft zu verschaffen, indem sie einander ausweichen, ohne allerdings bei ihren unbeholfenen Manövern an den Einschlupf zu denken; sie rutschen hin und her, werden auch selbst geschoben und gestoßen, und irgendwann kommt eins dem Loch zu nahe und fällt raus. Jetzt liegt es am Boden, und die Kühle einer Nacht reicht aus, um ihm den Garaus zu machen – auf seine Mama kann es sich jedenfalls nicht verlassen, die wird es kaum suchen gehen und wieder heimholen. Hat es Glück, wird es von einem Menschen gefunden. Dann ist es womöglich ein Fall für mich, und in heißen Sommern ist der Andrang hier bei mir tatsächlich groß.

Nun stellen Eichhörnchen einen Sonderfall im Tierreich dar. Kein wildes Tier will sich vom Menschen helfen lassen, alle wehren sich mit Schnäbeln und Klauen dagegen, nur das Eichhörnchen hat keine Einwände. Es kommt vor, dass

Menschen von beinahe erwachsenen Eichhörnchen verfolgt und förmlich um Hilfe angebettelt werden. Ein junger Steinmarder würde lieber in seiner Höhle verhungern oder verdursten, als sich an einen Menschen zu wenden, obwohl Steinmarder soziale Tiere sind und auch zahm werden können; Eichhörnchen aber trauen dem Menschen die Großherzigkeit zu, ihnen aus der Patsche zu helfen.

Wie es zu diesem sonderbaren Verhalten kommt, weiß ich nicht. Ich habe aber die Erfahrung gemacht, dass ein Eichhörnchen darüber hinaus so schnell zahm wird wie kein anderes wildes Tier. Es legt seine Scheu völlig ab und hängt sich an einen Menschen, als hätte seine Art mit diesen von allen anderen gefürchteten Lebewesen nur gute Erfahrungen gemacht. Ich brauche einem halbwüchsigen Eichhörnchen, das bis dahin keinen Kontakt zu Menschen hatte, die Milchflasche bloß einmal zu zeigen, nur hinzuhalten, schon wird es beim nächsten Mal daran säugen wie ein Kalb am Euter. Es sieht die Milchflasche, kann sofort etwas damit anfangen, dreht sich zum Schnuller hin und trinkt.

Da ich jedes Eichhörnchen wieder auswildern will, darf es sich nicht zu sehr an mich gewöhnen. Aber was soll ich machen? Junge Eichhörnchen lieben zärtliche Berührungen, sie möchten den warmen, menschlichen Körper fühlen, sie brauchen den Körperkontakt sogar; ganz im Gegensatz zu vielen anderen Wildtieren würden sie ohne solche Zuwendungen vereinsamen und sterben. Erwachsene Eichhörnchen sind ein anderer Fall. Mit denen würde ich nie zu schmusen versuchen – es sei denn, wir wären alte Bekannte –, weil ihr Gebiss zum Knacken von Nüssen taugt und folglich auch einen Finger zerbeißen kann, was übrigens höllisch wehtut. Aber kleine Eichhörnchen trage ich in der Brusttasche meines Hemds mit mir herum; da ist es warm, da spürt es den Herzschlag, da rollt es sich sofort zusammen und schläft selig ein. Ein kleiner Steinmarder würde sich die ganze Zeit zu befreien versuchen. Einen Siebenschläfer müsste ich zwanzigmal in die Brusttasche zurückstecken. Aber ein Eichhörnchen kann ich stundenlang mit mir herumtragen, beim Autofahren, beim Spazierengehen und auch abends noch beim Ausräumen der Spülmaschine, das träumt in seiner Brusttasche vor sich hin, bis ich es raushole. Eichhörnchen ticken tatsächlich anders, und eines hat nach einer kurzen Eingewöhnungsphase sogar mit mir gespielt, als wäre es eine Katze, ist von mir davongelaufen, hat nach Dingen gehascht, hat mich spielerisch angegriffen und sich auf meinem Schoß zusammengerollt und jeden Spaß mitgemacht. Ich gestehe, dass es Überwindung kostet, solche Schmusetiere auszuwildern. Wir mögen es ja, gemocht zu werden.

Bei vierzehn Eichhörnchen hört der Spaß allerdings auf. So viele waren es mal in einem einzigen Jahr. Hat das vierzehnte und letzte seine Milch endlich getrunken, geht es gleich weiter, dann massierst du ihnen nämlich der Reihe nach die Bäuche, damit sie pieseln können (ihre Mütter würden es genauso machen), und anschließend kannst du schon wieder anfangen, Flascherl zu geben. Im selben Jahr waren auch viele Vögel aus ihren Nestern gefallen, und in meinem Büro schaute es wie in einer Zoohandlung aus. Eichelhäher und allerlei Singvögel wetteiferten zusammen mit den Eichhörnchen um meine Gunst, für die einen gab es alle zwei Stunden warme Milch, für die anderen eine Ladung Insekten, und wenn endlich alle so kräftig sind, dass sie in den Bauwagen umziehen können, machst du drei Kreuze.

Das Schöne ist: Man braucht anfangs nicht für jede Tierart einen eigenen Käfig. Solange sie klein sind, kann man verschiedene Arten im selben Gehäuse oder Behälter zusammenfassen. Tiere reagieren in diesem Alter nämlich genauso vorurteilslos wie Menschenkinder, denen die Hautfarbe ihrer Spielkameraden und der Kulturkreis, dem sie entstammen, ja auch gleichgültig sind. Das heißt: Solange Vögel noch Küken sind, stört sich eine Amsel nicht daran, dass ihr Mitbewohner eine Blaumeise ist; die verschiedensten Küken liegen in ihrem ausgepolsterten Tongefäß friedlich beieinander und kuscheln sich zusammen. Sie fragen nicht nach Abstammung und Herkunft, ich brauche nicht einmal Wärme zuzuführen, sie wärmen sich gegenseitig.

Dieselbe Unbefangenheit herrscht auch unter jungen Säugetieren. Kleinen Eichhörnchen kann ich beispielsweise unbesorgt einen Siebenschläfer dazugeben, und alle gedeihen prächtig. Nach einer gewissen Zeit aber, sobald sie artgemäße Verhaltensweisen entwickeln, muss ich sie trennen, denn dann passen sie von der Körpersprache her nicht mehr zusammen, und es könnte zu Fehlprägungen kommen.

Gut, ausgewildert werden meine Eichhörnchen in jedem Fall, egal, wie lieb sie mir geworden sind, und so merkwürdig es klingt – ich habe noch keins erlebt, das dann nicht blitzschnell weg gewesen wäre. Sobald sie die Luft der Freiheit schnuppern, sind alle Sentimentalitäten vergessen, und ein neues Leben beginnt. Was nicht bedeutet, dass wilde Eichhörnchen meinen Bauwagen meiden. Das Gegenteil ist der Fall. Auch in Freiheit behalten sie ja ihre entspannte Art und ihre so seltsame wie unerschütterliche Vorliebe für Menschen bei. Nicht selten beobachte ich ein Eichhörnchen, das gleich gegenüber vom Bauwagen einen Baum heruntergeklettert kommt, in drei, vier Metern Höhe verweilt, sich dann auf einen Ast legt und alle viere runterhängen lässt, tiefenentspannt und ein bisschen gelangweilt. Es schätzt die Situation richtig ein und chillt, als hätte es sich gerade in eine Hängematte fallen lassen.

Und manchmal ergreifen sie die Initiative, wenn ich auf meiner Bauwagenbank döse. Das kann passieren, wenn sie alle Nüsse abgeholt haben, die ich ihnen hingeworfen habe, und jetzt finden: Das ist zu wenig, Kamerad! Dann tun sie sich zusammen, laufen auf mich zu, wuseln mir zwischen den Beinen herum, springen auf den Tisch, bauen sich vor mir auf und schauen mich an, mit diesem Blick, der unmissverständlich sagt: »Ey, was ist denn los, Woife? Das kann doch unmöglich alles gewesen sein …« Eins ist tatsächlich mal hinter meinem Rücken über die Banklehne gelaufen, hat mir erst von der einen Seite, dann von der anderen in die Augen geschaut und mir auf seine stumme Eichhörnchenart zu verstehen gegeben: »Merkst du nicht, dass wir was von dir wollen …?« Ja, sie haben Ansprüche, sie wissen auch, wie man die gegenüber einem Drei-Zentner-Kerl durchsetzt, ihr Selbstbewusstsein ist wirklich enorm. Und es sind alles wilde Tiere, keine zahmen Eichhörnchen aus dem Nymphenburger Schlosspark.

Irgendwann wollte ich wissen, was sie sich noch alles trauen. Ich habe ein paar Nüsse vor mich auf den Tisch gelegt und gewartet, und als sie mit den Nüssen am Boden fertig waren, kamen sie tatsächlich an, eins nach dem anderen; jedes holte sich ganz gemütlich eine Nuss ab und ließ es sich auch nicht nehmen, mir diesen »Na bitte, geht doch«-Blick zuzuwerfen. Als ich ihnen die Nüsse später in meiner Hand anbot, dauerte es etwas länger, da waren sie anfangs doch skeptisch, aber dann machten sie auch bei dieser Nummer mit, und am Ende waren sie sogar damit einverstanden, die Nuss von mir persönlich überreicht zu bekommen.

Damit aber nicht genug. Ihr Selbstvertrauen – oder ist es Gottvertrauen? – bestand auch den nächsten Test. Es ist nämlich so: Seit 2018 ziehe ich in meinen Käfigen am Bauwagen immer häufiger Beutegreifer auf, also Waldkäuze, Bussarde, Sperber, Turmfalken, dazu Steinmarder und Mauswiesel – alles potenzielle Feinde eines Eichhörnchens. Mit anderen Worten: Um den Bauwagen herum riecht es seither unverkennbar nach Fleischfresser. Auch Losung und Urin dieser Tiere sind extrem würzig, dazu kommt das Gewölle von Waldkauz, Sperber und Co., ebenfalls von ganz speziellem Aroma, und all diese Düfte müssten ein Beutetier eigentlich in Panik versetzen. Ich war mir deshalb sicher, dass auch die Eichhörnchen jetzt einen weiten Bogen um diese Hochburg der Prädatoren machen würden.

Von wegen. Ihre Besuche wurden nicht weniger. Um den Bauwagen herum herrschte eine Geräuschkulisse wie im Wildpark, der Sperber ließ sein aufgeregtes »ki-ki-ki-ki-ki-kik« ertönen, der Krach der versammelten Beutegreifer war im halben Wald zu hören, aber die Eichhörnchen ließen alle alarmierenden Zeichen unbeachtet. Offenbar ist der Bauwagen für sie zum Inbegriff einer sicheren Zone geworden. Vielleicht halten sie auch mich selbst für einen Garanten ihrer Unversehrtheit. Und augenscheinlich verstehen sie, dass ihre Feinde alle hinter Gittern sitzen. Keine Ahnung, was sie sich denken, aber nicht einmal einen so wilden Gesellen wie den Sperber fürchten sie, vorausgesetzt, dass er bei mir im Käfig sitzt. Wie's aussieht, können sie eins und eins zusammenzählen – würden sie sich sonst eine Nuss holen, wenn jede ihrer Bewegungen aus kurzer Entfernung von vier gierigen Steinmarderaugen verfolgt wird? Eichhörnchen sind normalerweise bei Gefahr sofort verschwunden, aber in diesem Fall sammeln sie ihre Nüsse sogar gleich neben den Käfigen ohne jede Hast ein.

Da haben wir es wieder: Tiere leben nicht ständig in Angst. Sie verlassen sich auf ihr Gefahrenbewusstsein, das nur im Fall akuter Bedrohung Alarm schlägt und den Fluchtreflex auslöst. Die Gelassenheit, die alle wilden Tiere vom Menschen erwarten, ist in ihrer eigenen Natur fest verankert und erlaubt ihnen ein weitgehend stressfreies Leben.

22

Ein bisschen Täuschung, ein bisschen Schauspielerei

Kann man nicht auch von Haustieren lernen, wie Tiere kommunizieren? Selbstverständlich, Haustiere sind auch Tiere, und ich liebe meine drei Katzen nicht weniger als ihre Kollegen draußen im Wald. Man müsste sich dann eben die Mühe machen, die Sprache seines Haustiers zu erlernen. Für die Kommunikation mit wilden Tieren wäre dadurch allerdings nicht allzu viel gewonnen, denn bei Haustieren muss man damit rechnen, dass sie schauspielern.

Es ist ja so: Wilde Tiere sind sozusagen grundehrlich, oder sagen wir, authentisch. Sie brauchen den Menschen nicht, sie handeln auf eigene Faust, sie kennen und sprechen deshalb auch nur die unzweideutige Sprache des Waldes. Haustiere aber sind vom Menschen abhängig und legen es deshalb darauf an, ihm zu gefallen. Sie schmeicheln ihm. Ihr Verhalten ist auf jeden Fall berechnender als das einer Matilde, die als Selbstversorger aus freien Stücken zu mir kommt. Und weil das so ist, weil die Ausdrucksformen eines Hundes beispielsweise weitgehend auf den Menschen bezogen sind, ist ihre Sprache relativ leicht zu erlernen – ganz im Gegensatz zur Sprache des Waldes, die man sich als Mensch auch nur mit viel Geduld im Wald aneignen kann.

Leider fehlt uns heute dieses Grundverständnis für Tiere, das in früheren Zeiten einfach dazugehörte, zumindest auf dem Land. Es ergab sich von selbst, weil man mit Tieren zusammen lebte und arbeitete, weil es auch in der freien Natur häufig zu Begegnungen mit Tieren kam. In einer technischen Zivilisation kennt der Mensch aber gerade noch Hunde, Katzen und Aquariumsfische aus eigener Anschauung. Da klafft eine riesige Erfahrungslücke, die auch durch Tierfilme, Tierbücher und Wikipedia-Einträge nicht zu stopfen ist, denn man kann viel über Tiere wissen, ohne sie zu kennen. Man kann Tiere auch lieben, ohne sie zu verstehen.

Ich staune jedenfalls, wie oft es zu Missverständnissen zwischen Mensch und Haustier kommt. Das liegt nicht am Tier – kein Hund täuscht sich in Herrchen oder Frauchen –, das liegt eher an der Überheblichkeit ihrer Besitzer. Soll das Tier doch meine Sprache lernen, dann wird es mit der Kommunikation schon klappen – so scheinen viele zu denken, und wenn ihr Hund dann mit dem Schwanz wedelt, meinen sie, es geschehe aus Freude oder Begeisterung. Ja, das mag sein. Muss aber nicht, denn ein Hund wedelt aus Aufregung mit dem Schwanz, um einer starken Gemütsbewegung Ausdruck zu verleihen, und am Schwanzwedeln lassen sich genauso gut Angst oder Verärgerung wie Freude ablesen. Es ist daher nicht unbedingt als freundliche Begrüßung oder Begeisterungsausbruch gemeint.

Oder nehmen wir die Dame, die ihren kleinen Hund beruhigen will, weil er Passanten auf der Straße scheinbar grundlos ankläfft. Was tut sie? Sie nimmt ihn auf den Arm, streichelt ihm besänftigend über den Kopf und redet auf ihn ein: »Ist ja schon gut, ist ja schon gut.« Der Hund lässt sich auf diese Weise aber durchaus nicht besänftigen, denn der versteht etwas ganz anderes, er denkt sich: »Ich werde gelobt, also alles richtig gemacht, deshalb weiterkläffen.« Und jetzt legt das Hundchen erst richtig los.

Doch wie gesagt, Haustiere sind ein Fall für sich. Einige Beobachtungen, die man an ihnen anstellen kann, lassen sich trotzdem übertragen und werden sich auch in freier

Wildbahn als nützlich erweisen. Hunde zum Beispiel schenken ihre größte Zuneigung nicht zwangsläufig demjenigen Menschen, der sie am meisten betüddelt, sie werden vielmehr den lieben, der ihnen zeigt, wo's langgeht. Sie wollen den Weg gewiesen bekommen, sie schließen sich daher am liebsten starken – und deshalb vertrauenswürdigen – Persönlichkeiten an. Bei Katzen verhält es sich anders, aber Hunde sind so, und meine Erfahrung zeigt: Auch Wildtiere lassen sich von einem selbstbewussten Auftreten beeindrucken. Wenn du weißt, was du willst, trauen sie dir eher über den Weg. Eine ordentliche Portion Selbstvertrauen in Verbindung mit Ruhe und Geduld wirkt also auch in freier Wildbahn.

Nun gibt es außer der Kommunikation zwischen Mensch und Tier auch die von Tieren untereinander. Sie läuft im Großen und Ganzen nach einem bestimmten Muster ab, und das sollte man ebenfalls kennen, denn wer in ihre Welt eintaucht, der hat sich an ihre Spielregeln zu halten, der muss wissen, was unter ihnen üblich ist. Nehmen wir der Einfachheit halber zunächst ein Beispiel aus unserem häuslichen Erfahrungsbereich: das einsame Kaninchen.

Jemand hat zu Hause ein Kaninchen, will aber kein zweites kaufen und setzt ihm, damit es nicht so allein ist, stattdessen ein Meerschweinchen in den Stall. Das ist gang und gäbe, und die beiden vertragen sich auch, denn Meerschweinchen sind soziale Tiere und Kaninchen ausgesprochen geduldig. Verstehen tun sie sich allerdings nicht, denn jedes kommuniziert auf andere Weise. Der Erfolg dieser Aktion wäre also: Das Kaninchen ist genauso einsam wie vorher, und das Meerschweinchen langweilt sich erst recht. Genauso gut könnte man einen Menschen mit einem Schimpansen zusammen in ein Zimmer sperren – der eine würde abends im Fernsehen *Babylon Berlin* schauen wollen, der andere auf Werbespots für Bananen bestehen, und zu sagen hätten sich die beiden absolut nichts.

Was daran für uns interessant ist: Dieselbe wohlwollende Gleichgültigkeit wie zwischen Meerschweinchen und Kaninchen herrscht auch unter den meisten wild lebenden Tierarten. Man hat sich eigentlich nichts zu sagen, man lebt nebeneinanderher, man bekommt aber sehr wohl mit, was die anderen so treiben, und reagiert unter Umständen darauf, es könnte ja alle betreffen. Diese Indifferenz hat aber nichts mit tierischem Stumpfsinn zu tun, denn wir Menschen legen in der Öffentlichkeit im Grunde dasselbe Verhalten an den Tag. Auch wir grüßen ja nicht jeden, dem wir auf der Straße begegnen, auch wir stellen uns beim Betreten eines Restaurants nicht allen übrigen Gästen persönlich vor, wir ignorieren die anderen einfach, nehmen ihre Anwesenheit stumm zur Kenntnis, erfreuen uns im Übrigen unserer Anonymität und machen unser Ding. Also auch hier: wohlwollende Gleichgültigkeit. Auftauen tun wir erst bei Artgenossen, die uns nahestehen.

Deutlich geselliger sind Vögel. Wahrscheinlich kommunizieren die einzelnen Arten untereinander auch nicht viel, aber sie vermischen sich problemlos, teilen sich einen gemeinsamen Lebensraum, haben ähnliche Fressgewohnheiten und suchen daher oft gemeinsame Futterplätze auf. Blaumeisen zum Beispiel sprechen zwar einen anderen Dialekt als Tannenmeisen, aber beide tun sich im Winter zu großen Trupps zusammen, die Haubenmeisen stoßen dazu, und dann geht's gemeinsam auf Futtersuche. Vermutlich funktioniert das deshalb reibungslos, weil Vögel im Unterschied zu Kaninchen und Meerschweinchen, aber auch zu Feldhase, Fuchs und Reh viele verschiedene Töne draufhaben und sich ihrer Identität unentwegt akustisch versichern, auch im größten Gewimmel, was den weitgehend stummen Säugetieren nicht gegeben ist. In jedem Fall kommen die unterschiedlichsten Vögel ganz gut miteinander aus, solange sie einigermaßen gleiche Interessen verfolgen; Vogelkolonien, in denen zwanzig, fünfzig oder hundert verschiedene Arten dicht gedrängt zusammenleben, wie wir sie an der Küste haben, wären sonst undenkbar. Kormoran und Wiesenpieper haben natürlich kaum Gemeinsamkeiten und werden entsprechend wenig miteinander anfangen können.

Was die wohlwollende Gleichgültigkeit angeht, verlangt die freie Wildbahn von uns also gar keine große Umstellung. Genauso, wie man seine Mitmenschen auf der Straße nur beiläufig zur Kenntnis nimmt, lasse ich auch im Wald kein gesteigertes Interesse an seinen Bewohnern erkennen, nehme sozusagen nur en passant wahr, was sich um mich herum tut, und bewege mich mit einer unauffälligen Selbstverständlichkeit. Manchmal täusche ich sogar völliges Desinteresse vor, um von mir abzulenken, und tue so, als wäre ich in die Betrachtung eines Grashalms vertieft, obwohl in kurzer Entfernung ein Rothirsch vorüberläuft – nein, ich bin keineswegs deinetwegen hier, Rothirsche können mir gestohlen bleiben, ich finde Gras viel faszinierender ... Unverkennbares Interesse ist immer verdächtig, also ist es oft das Klügste, den Unbeteiligten zu spielen.

Ein bisschen Täuschung, ein bisschen Schauspielerei gehört eben doch dazu, aber das fällt unter Umgangsformen. Es gibt im Wald eben einen Konsens darüber, was als höflich und was als unhöflich gilt; nicht anders als in der Welt der Menschen bemüht man sich auch hier in aller Regel, dem anderen nicht zu nahe zu treten und seine Privatsphäre zu respektieren. Jede Art von Aufdringlichkeit wird von wilden Tieren als Bedrohung empfunden, das macht man nicht, und schon der direkte Blickkontakt ist bei Säugetieren verpönt.

Auch das kennen wir. Jemand, der auf uns einredet, dabei immer näher rückt und uns mit bohrendem Blick ins Gesicht starrt, ist uns nicht geheuer, vor dem weichen wir unangenehm berührt zurück. Aber was uns zu nahegeht, geht wilden Tieren schon lange und hundertmal mehr zu nahe. Augenkontakt bedeutet in ihrer Welt: Ich nehme dich ins Visier, ich habe es auf dich abgesehen, ich will dir was – wie zum Beispiel der brunftige Rothirsch, der seinen nächsten Kontrahenten ins Auge fasst, während er in der Brunftarena auf ihn zusteuert. Direkter Augenkontakt kann also schnell als Kampfansage verstanden werden, weshalb ich immer versuche, ein Tier im Auge zu behalten, ohne ihm gezielte Blicke zuzuwerfen.

Im Tierreich selbst begegnet man übrigens unterschiedlichen Auffassungen, was diesen Punkt angeht. Katzen etwa schauen sich in die Augen, wenn sie aufeinander zugehen, Hunde niemals. Hunde würden den starren, direkten Blick als Provokation auffassen, als Vorstufe zu einer Rauferei. Zwischen Hund und Katze kann es daher leicht zu fatalen Missverständnissen kommen. Da schaut die Katze einen Hund unverwandt an, weil sie es immer so macht, und der Hund hat den Eindruck, dass sie ihm Paroli bieten und Ärger machen will – na gut, denkt er, den soll sie haben, und das ist dann gewöhnlich das Ende der Katze. Der Hund wollte die Katze gar nicht erbeuten, aber provozieren lässt er sich auch nicht. Wie gesagt, wir kennen das. »Was guckst du so?«, ist ein oft gehörter Satz in leicht reizbaren Milieus, wo man die Sprache der Augen genau kennen sollte, wenn einem der Frieden lieb ist.

Etwas anderes ist der lange, prüfende Blick, den wilde Tiere mir manchmal aus relativ kurzer Distanz zuwerfen, weil sie sich kein Bild von mir machen können. Dieser Blick kann sich über mehrere Minuten hinziehen, das fühlt sich manchmal wie eine halbe Ewigkeit an, und für den, der sich auf solche Art gemustert fühlt, hat er durchaus etwas Irritierendes – was möglicherweise der Sinn der Sache ist, denn jetzt verrät er sich vielleicht, der Mensch, jetzt wird er vielleicht nervös und liefert dem Tier damit die entscheidende

Information, sei es über seinen Charakter, sei es über seine Absichten. Unter solchen Umständen ist es wichtiger denn je, völlige Unerschütterlichkeit auszustrahlen.

Nun werden die allermeisten Menschen nie in diese Situation kommen. Es passiert in unseren Breiten auch höchst selten, dass ein Wildtier aggressiv auf den Menschen reagiert; bei uns besteht keine Gefahr, nach Sonnenuntergang hinterm Haus mit einem Tiger oder einer Hyäne zusammenzustoßen. Sollte ein röhrender Rothirsch oder eine Wildsau mit Frischlingen aber tatsächlich einmal ihre Scheu vor dem Menschen ablegen und wütend regieren, wäre man schlecht beraten, auch noch Öl ins Feuer zu gießen und einen auf Zampano zu machen. Kein Imponiergehabe verfängt bei einem Tier, das sowieso schon auf hundertachtzig ist, und unseren Versuch, es zu erschrecken, wird es dankbar annehmen – als letzten Anstoß, den Angreifer umgehend auszuschalten. Dann wäre auch Weglaufen zwecklos. Entwischen kann man einem Tier ohnehin nicht – ein Wildschwein bringt es auf sechzig Stundenkilometer, und ein gereizter Wolf würde es als Signal zur Hetzjagd auffassen. Da bleibt nur eins: absolute Ruhe zu bewahren. Oder, wenn man die Gefahr rechtzeitig erkannt hat, still und leise den Rückzug anzutreten – wie ich das in den letzten zwanzig Jahren mehr als ein Mal getan habe.

Ich erinnere mich zum Beispiel an einen wunderschönen Spaziergang durch einen Herbstwald mit meiner Frau. Mit einem Mal waren Laute zu hören, die ich nicht einzuordnen wusste, ein schauerliches Geschrei und Gebell, doppelt unheimlich in diesem friedlichen Novemberwald, wo sich kein Vogel hören ließ, wo ansonsten Totenstille herrschte. Für mich klang es wie das Brüllen eines Tasmanischen Teufels, und es kam von rechts, aus einem lichten Waldstück, das bis zum Boden von der Herbstsonne beschienen wurde, weil die Bäume bereits entlaubt waren. Wir gingen auf unserem

Waldweg weiter, bis wir in der Ferne Bewegungen sahen, sehr schnelle, sehr heftige, und dann war zu erkennen, von wem dieses Gebrüll kam: Es waren zwei Keiler, riesige Tiere, mit Köpfen weiß von Schaum und Geifer, die sich schoben, stießen und die Hauer in die Seiten schlugen. Ein unerbittlicher Kampf war da im Gange, zwar hundertzwanzig Meter entfernt, trotzdem auch für uns bedrohlich, denn man weiß ja, wie schnell diese Strecke von einem rasenden Keiler zurückgelegt werden könnte.

Wir überlegten kurz und machten kehrt. In dieser Lage war es das einzig Richtige. Wären wir weitergegangen, wären uns die beiden womöglich auf dem Rückweg direkt vor die Füße gelaufen, vielleicht sogar verletzt und nun komplett von Sinnen. Einstweilen aber waren sie vollauf mit sich selbst beschäftigt, und bevor sie uns bemerken konnten, hatten wir schon den Rückzug angetreten.

Man muss eben wissen, wie weit man gehen kann. Ich bin alles andere als ängstlich, aber zu diesen beiden hätte ich mich nicht auf den Waldboden gesetzt, die hätten nicht mit sich reden lassen, selbst wenn ich alle Register meiner Waldweisheit gezogen hätte.

Übrigens – das sei zum Schluss dieses Kapitels noch erwähnt – spreche ich manchmal tatsächlich mit Tieren, und zwar mit meinen wilden Haustieren, meinen Nachbarn am Bauwagen, den Meisen und Eichelhähern, den Rehen und Eichhörnchen. Das ist zwar eigentlich Unsinn, aber diese Tiere kennen mich seit Langem, sind mit meiner Stimme vertraut und gestehen mir zu, dass ich manchmal nicht den Schnabel halten kann.

Ich sehe noch diese Ricke vor mir, die eines Morgens über die Wiese hinterm Bauwagen gelaufen kam, als ich dort gerade auf einem Baumstumpf saß. Zehn Meter vor mir blieb sie stehen, legte sie sich in eine Kuhle und blickte mich so erwartungsvoll an, dass ich nicht anders konnte und drauflosschwätzte. »Ach, bist du müde? Schön, dass du da bist. Ja, alles ist gut …« – in diesem Stil habe ich mit ihr gesprochen, mit ruhiger, monotoner Stimme natürlich, und sie hat wirklich zugehört. Die Fotos von damals beweisen es, da ist deutlich zu erkennen, wie sie das eine Ohr nach vorn wendet, um meinen Worten zu lauschen, und das andere nach hinten richtet, um diesen Bereich zu sichern. Offenbar fand sie alles, was in ihrem Rücken vor sich gehen könnte, gefährlicher als mich. Dieses Reh war jedenfalls völlig entspannt, wurde nach einer Weile schläfrig und nickte dann tatsächlich ein.

Aber geredet habe ich mit ihr selbstverständlich nur deshalb, weil ich ein Mensch bin und merkwürdige menschliche Angewohnheiten habe – und die Tiere am Bauwagen den Woid Woife auch dann noch nett finden, wenn er sinnlose Töne von sich gibt.

23

Tier macht einfach, was es will – der Biber

Am Anfang dieses Kapitels seht ihr mich mit einer aufgeschlagenen Zeitung bei einer Tasse Kaffee am Küchentisch sitzen. Gerade bin ich in eine Reportage über die Machenschaften der Biber in Deutschland vertieft, und der Kaffee wird langsam kalt, denn der Artikel geht über eine ganze Zeitungsseite, und ich bin kurz davor, mich zu vergessen.

Es geht schon gut los. Da werden die Aktivitäten einer Biberfamilie gleich zu Beginn des Artikels von einem Bauern als »feindliche Übernahme« bezeichnet, weil die Tiere sein Gelände in Flussnähe in ein Feuchtgebiet verwandelt haben … Ja, da haben wir sie, die klassische Konfrontation: Tier bedroht Mensch, denn Tier nimmt keine Rücksicht auf Mensch! Tier macht einfach, was es will! Tier fragt sich keine Sekunde lang, ob es dem Menschen mit seinen Umtrieben vielleicht schaden könnte. Tier gehört deshalb, sagen wir es ruhig, mit dem Spaten erschlagen!

Tut mir leid, aber … Das Verhalten der Biber kann ich mir erklären, für das Verhalten der Menschen habe ich keine vernünftige Erklärung. Befinden wir uns im Krieg mit dem Biber, nur weil er einen Teil unseres Geländes unter Wasser gesetzt hat? Wollen wir den Biber deswegen anzeigen? Ihm den Prozess machen? Ihm nachweisen, dass er unsere Wiese mutwillig und in eindeutig böser Absicht in einen Sumpf verwandelt hat? Aber der Biber fragt nicht, wem die Wiese gehört. Er kennt kein Privateigentum. Naiv, wie er ist, glaubt er, die Welt gehöre keinem und allen – und hält den empörten Bauern genauso für einen Gast auf Erden wie sich selbst. Ja, so sind sie, die Tiere.

Aber, um wieder sachlich zu werden: Ich bin froh, kein Biberbeauftragter zu sein. Ich bin heilfroh, in der Sache Biber gegen Bauer nicht urteilen zu müssen. Ich kann den Bauern schon verstehen. Natürlich ist es ärgerlich, dass das versumpfte Stück Wiese unter dem Gewicht seines Traktors nachgegeben hat und das kostbare Gefährt unter großen Mühen herausgezogen werden musste. Aber ich kann auch den Biber verstehen. Seit wann haben wir denn diese riesigen, tonnenschweren Traktoren, mit denen man in versumpften Wiesen einsinkt? Seit zwanzig Jahren vielleicht. Soll der Biber seine Aktivitäten nach Millionen von Jahren einstellen, weil es dem Menschen seit zwanzig Jahren gefällt, Uferwiesen mit Monstertraktoren zu befahren?

Ich lese weiter. Aha. Biber gräbt Höhle unter Maisfeld … Ja, auch das kommt vor. Dann kann es auch passieren, dass zehn Quadratmeter Feld einbrechen. Das ist bedauerlich, gewiss. Aber ist es der Rede wert? Wäre das Problem nicht aus der Welt zu schaffen, indem man als Landwirt zehn Meter Abstand zum nächsten Gewässer hält? Der Biber gräbt sich ja nicht dreihundert Meter weit rein. Warum ihm also nicht einen zehn Meter breiten Uferstreifen einfach zur freien Verfügung überlassen?

Und jetzt auch das noch: Der Versumpfung wegen ist der Bauer außerstande, das Schilfgras in Flussnähe abzumähen, und – »Wie sieht es denn dort aus, wenn ich nicht sauber mache?« Das Schilfgras muss also weg? Sollen wir das Ufer vielleicht noch tapezieren? Landwirte verdienen unseren größten Respekt, aber bei diesem hier scheint mit dem Schönheitssinn etwas nicht zu stimmen. Das Schilf mähen, damit die Nachbarn nicht anfangen zu tuscheln? Hat die

Natur denn gar kein Wörtchen mehr mitzureden? Alle beklagen das Insektensterben, jeder möchte Vögel zwitschern hören, dann sollten wir dem Biber doch dankbar sein, dass er das Uferschilf vor diesem Bauern schützt! Darf ich darauf aufmerksam machen, dass der Teichrohrsänger genau solche Schilfstreifen liebt und plötzlich wieder Brutplätze vorfindet? Und damit nicht genug: Dieser Teichrohrsänger ist einer der häufigsten Wirtsvögel für den selten gewordenen Kuckuck. Aktiver Artenschutz vom Biber praktiziert.

Aber es ist halt so wie immer. Wenn du übers Wasser läufst, wird garantiert einer sagen: »Warum schwimmt er nicht, der faule Sack?« Kein Mensch, kein Tier und kein Biber kann es allen recht machen. Nur – wenn wir dem Biber das gleiche Lebensrecht zubilligen wie uns selbst, dann müssen wir ihm hier und da einen winzigen Teil unseres Grund und Bodens abtreten. Biberreservate lassen sich nämlich nicht machen, weil Biber ausschwärmen. Sie bilden keine Rudel, sie zerstreuen sich, und jede neue Generation sieht sich erst einmal in der Weltgeschichte um, bevor sie sich irgendwo niederlässt. Es ist also aussichtslos, den Biber auf ein festgelegtes Territorium begrenzen zu wollen. Er taucht einfach plötzlich irgendwo auf und bleibt und fragt nicht lange und ergreift die Maßnahmen, die er für nötig hält …

Was für ein Glück, dass ich kein Biberbeauftragter bin.

Denn kein Tier erhitzt die Gemüter mehr, nicht mal der Maulwurf. Die folgende Begebenheit trug sich ganz in der Nähe meines Bauwagens zu. Es gab dort einen Weiher gleich neben einer Bahnlinie, und als es ihn noch gab, nämlich im letzten Jahr, kam eine Biberfamilie und machte sich unverzüglich daran, ihre Burghöhle in diesen Bahndamm hineinzugraben. Was kann man dagegen tun? Hier handelte es sich jedenfalls um ein ernsthafteres Problem als das des Bauern, der sein Flussufer nicht mehr sauber halten kann. Nun gut, die Biber waren nicht zu retten, sie mussten weg, also beauftragte man einen Jäger, der die zwei Delinquenten jedoch nicht vor die Flinte bekam, und so ward beschlossen, den ganzen Weiher abzulassen. Solange ich denken kann, hatte es diesen Teich mit Fröschen und Fischen und anderem Getier darin gegeben, doch die Bedrohungslage trieb die Verantwortlichen offenbar zum Äußersten, und so wurde der Biberfamilie buchstäblich das Wasser abgegraben ... Damit war das Problem zwar in der Tat gelöst, aber Tausende anderer Lebewesen hatte es mit dahingerafft.

In diesem Fall war Eile geboten, das gebe ich zu. Ganz grundsätzlich aber stellt sich hier die Frage, ob der Mensch jemals bereit sein wird, ein Tier so hinzunehmen, wie es ist, auch dann, wenn es seine Pläne durchkreuzt. Machen wir uns also noch einmal klar: Für die Tiere geht's ums Überleben, für die Menschen schlimmstenfalls um ihre geliebte, sicherlich bewundernswerte, aber selten überlebensnotwendige Ordnung. Und damit lege ich besagte Zeitung beiseite. Der Biberartikel hat mir das Frühstück verdorben, und das Fazit des Verfassers gibt mir den Rest. »Der Biber darf sich also austoben«, lautet der letzte Satz. Wie bitte? Himmelherrgott, nein! Nichts liegt ihm ferner, als sich auszutoben! Er lebt halt. Er lebt auf seine Art, und eine andere Art zu leben kennt er nicht. Wenn sich hier einer austobt, dann bestimmt nicht der Biber.

Vielleicht schauen wir uns jetzt mal an, wie es aussieht, wenn sich ein Biber »austobt«. Gar nicht weit von Bodenmais gab es früher eine Wiese, nie in größerem Umfang genutzt, von ein paar Bäumen bestanden und einem Bach durchflossen. Dann kam vor fünfzehn Jahren der Biber, nahm sich dieses Bächlein vor, staute es und erschuf so eine wunderschöne Landschaft mit kleinen Kaskaden und regelrechten Teichen. Weil das Wasser nun auch die Uferwiesen wieder tränkte, ist die Sumpfdotterblume zurückgekehrt – die es früher überall gab, die aber irgendwann völlig verschwand, weil eine Wiese nach der anderen entwässert wurde, damit sie bequem mit dem Traktor zu befahren war. Aber wenn man heute im Frühjahr dorthin kommt, tut sich wieder die gelbe Blütenpracht eines ganzen Meers von Sumpfdotterblumen vor einem auf.

Ja, Wasser ist Leben. Auch alle möglichen anderen Tierarten lassen sich wieder hier sehen, Enten, Amphibien, Libellen, Ringelnattern. Abends kommen die Rehe und trinken aus der Badewanne des Bibers, und wo es von Insekten wimmelt, stellen sich Vögel ein, die an den Ufern nun ebenfalls ihre Brutplätze finden. Stück für Stück erschafft sich die Natur hier neu. Wenn ich abends dort sitze und diese Landschaft im Licht der untergehenden Sonne betrachte, denke ich: Vor zwanzig Jahren war hier ein lautloses Nichts. Und heute hörst du an derselben Stelle ein Vogelkonzert, in das die Frösche einfallen, und dann kommt der Biber selbst vorbei und dreht schwimmend eine abendliche Runde durch sein Reich und ist wahrscheinlich stolz, dies alles geschaffen zu haben.

Wäre dieses Biotop ein Werk von Menschenhand, wir hätten vorn an der Straße mit Sicherheit ein großes, blaues Schild stehen. »Dieses Projekt wurde mit Mitteln der Europäischen Union gefördert«, wäre da in fetten, weißen Buchstaben zu lesen – aber eine Garantie für den Erfolg dieser Renaturierungsmaßnahme gäbe es nicht. Überlässt man diese Arbeit der Natur, kann man sicher sein, dass neues Leben in paradiesischer Vielfalt entsteht – und müsste eigentlich ein Schild aufstellen mit der Aufschrift: »Dieses Projekt wurde vom Biber ersonnen und durchgeführt.« Und zwar gratis, ohne auch nur einen Euro dafür zu verlangen, geschweige denn jene Unsummen, die heute in die Renaturierung der Donauwiesen gesteckt werden.

Trotzdem ist der Aufschrei immer wieder groß. Weil der Biber nicht fragt, bevor er an die Arbeit geht. Weil wir uns unsere Natur so hinbasteln wollen, wie sie uns am besten ins Konzept passt, der Biber aber einfach hergeht und eigenmächtig handelt.

Und es stimmt, die Natur ist eigenmächtig. Sie fragt uns nicht. Das ist das Wesen der Natur. Aber fragen *wir* denn? Lange Zeit haben wir uns der Natur entgegengestellt und viel zerstört. Wenn wir jetzt, um fünf vor zwölf, zu der Erkenntnis gelangen, dass es ohne Natur nicht geht, dann müssen wir uns vor diesem Charakterzug der Natur beugen und akzeptieren, nicht gefragt zu werden. Ja, das ist unhöflich. Aber würde die Natur mit Höflichkeit bei uns weiterkommen? Bei Lebewesen, die nie gelernt haben zurückzustecken? Die partout Futterwiesen für ihr Vieh haben wollen, und seien sie ökologisch noch so wertlos? Für die eine Wiese in voller Blütenpracht nur einen sinn- und zwecklosen Luxus darstellt? Ich jedenfalls bin über jeden Biber froh, der sich nach eigenem Gutdünken bei uns »austobt«.

Wahr ist allerdings auch: Der Biber hat bei uns praktisch keine natürlichen Feinde mehr zu fürchten. Früher wurden – vor allem junge Tiere – von Luchs, Wolf und gelegentlich dem Fuchs gejagt, heute aber geht die einzige ernsthafte Gefahr für Biber von wildernden Hunden aus. Luchse werden selten auf die Idee kommen, einen erwachsenen Biber zu erbeuten, denn die sind stabile Burschen und mit zwanzig, dreißig Kilo genauso schwer wie die Luchse selbst. Ganz abgesehen davon, dass Biber über eine extrem scharfe Waffe verfügen; wer mit seinen Zähnen Bäume zu fällen vermag, der kann auch einem Luchs die Halsschlagader aufreißen. Der Bestand mag also mittlerweile wirklich schon recht groß sein. Ich bin aber nicht der Richtige, das zu beurteilen.

Die ganze Aufregung um den Biber fängt ja damit an, dass er aktiv wird, sobald in seinem Bereich das Geräusch von fließendem Wasser an sein Ohr dringt. Er schwimmt nun einmal gern, und zwar in ruhenden Gewässern mit einigermaßen gleichmäßigem Wasserpegel, was wiederum nicht zuletzt mit seinen Vorstellungen von bibergerechtem Wohnen zusammenhängt. Im Klartext heißt das: Findet er eine steile Böschung vor, wie es bei dem Weiher neben der Bahnstrecke der Fall war, gräbt er sich eine Wohnhöhle ins Ufer, wobei der Eingang aus Sicherheitsgründen unter Wasser, der Wohnkessel aber über Wasser angelegt wird, denn in seiner guten Stube möchte es auch der Biber trocken haben. Sind die Ufer aber flach, wie es meistens der Fall ist, muss er umdenken. Dann konstruiert er sich eine imposante Burg aus jenem Baumaterial, das er durch das Fällen von Bäumen gewinnt, wiederum mit einem Einstieg unterhalb des Wasserspiegels und einem geräumigen, gemütlich ausgepolsterten Wohnbereich oberhalb des Wasserspiegels. Wer derart hohe Ansprüche an sein Domizil stellt, der muss natürlich auf einen gleichbleibenden Wasserpegel bestehen und die Bedingungen dafür schaffen. Fällt eine Biberburg trocken, wird sie jedenfalls aufgegeben, weil dann Feinde Zutritt hätten.

Man sieht, der Biber hat ziemlich ausgeklügelte Vorstellungen vom Leben und Wohnen, und er investiert eine Menge Arbeit, um ans Ziel seiner Wünsche zu kommen. Das wäre nicht weiter problematisch, würde er sich mit den bereits vorhandenen Teichen und Seen begnügen. Das tut er aber nicht. Unternehmungslustig, wie er ist, schafft er sich gern sein eigenes behagliches Biotop, indem er ein Fließgewässer staut; er möchte halt schwimmen, er will daheim aber auch vor bösen Überraschungen sicher sein, und dafür setzt er auch mal einen ganzen Fußballplatz unter Wasser.

Ja, sein Sündenregister ist lang. Aber natürlich legt sich der Biber nicht absichtlich mit dem Menschen an, und wenn wir unvoreingenommen an die Sache herangehen, ist ein Tier von dieser Energie, von solchen außergewöhnlichen Eigenschaften und Fähigkeiten einfach nur faszinierend.

Wer Biber über längere Zeit beobachtet, den beschleicht sogar das Gefühl einer entfernten Verwandtschaft mit ihnen. Da sind seine fein ausgebildeten, menschenähnlichen Hände, dafür geschaffen, Bauwerke von hoher Komplexität zu errichten, mit denen kann er richtig arbeiten und zupacken und basteln und bauen, wo anderen nur die Schnauze oder der Schnabel zur Verfügung stünde, und mit diesen Händen führt er auch seine Nahrung zum Mund; ein Vorgang, der so manierlich aussieht, dass man gar nicht mehr von Fressen sprechen möchte. Manches an den Bibern trägt tatsächlich menschliche Züge, den tiefsten Eindruck aber hinterlassen sie in der Paarungszeit.

Wer je erlebt hat, wie sich ein verliebtes Biberpärchen in der Mitte eines Sees schwimmend minutenlang liebkost, wie die beiden mit den Händen über Kopf und Wangen des anderen streicheln, wieder und wieder, als wären sie im Liebesrausch, und dabei helle Schreie ausstoßen, die wie ein Jauchzen klingen, der wird Tieren niemals mehr ein tiefes Gefühlsleben absprechen. Was sich dem Beobachter da bietet, ist ein rührendes, herzergreifendes Bild ungetrübten Liebesglücks. Dazu passt, dass Biber ein richtiges Familienleben führen. Nicht nur, dass Paare zeitlebens zusammenbleiben, nachdem sie sich einmal gefunden haben, in der Biberburg wohnen die Elterntiere auch mit zwei Generationen von Jungtieren zusammen, das ist im Tierreich ganz außergewöhnlich.

Im dritten Jahr allerdings ist es mit dem gemütlichen Familienleben vorbei. Dann werden die Sprösslinge von den Alttieren aus dem elterlichen Gebiet geworfen, und damit beginnt für sie die Suche nach einer neuen Heimat. Nicht selten endet diese Suche erst hundert Kilometer vom Ort ihrer Kindheit entfernt; zwecklos also, ihnen ein begrenztes Habitat zuzuweisen. Biber sind nicht aufzuhalten. Tatendurstig, wie sie sind, treibt es sie immer weiter. Deshalb wird es nie zu einer Überpopulation kommen, und aus demselben Grund braucht niemand zu befürchten, der Biber könnte nach und nach sämtliche Bäume in seinem Revier fällen.

Nun habe ich das Glück, eine Biberkolonie in meiner Nähe zu haben. Ausgerechnet an einem unserer viel besuchten Karseen nämlich kann man abends völlig entspannt Biber beobachten.

Solche Abende beginnen für mich damit, dass ich am Ufer oder auf Inseln nach Kuhlen im Gras Ausschau halte, den typischen Fressplätzen der Biber. Wenn ich zu spät komme, sitzen sie schon da und nehmen vor mir unweigerlich Reißaus, also muss ich meinen Beobachtungsposten am Ufer gefunden haben, bevor sie ihr Abendbrot einnehmen. Aber ich weiß ja, dass sie der Hunger im Sommer gegen halb acht Uhr an Land treibt, bin also vorher da, und wenn sie dann ihre Fressplätze aufsuchen, finden sie mit einem Mal nichts mehr dabei, ihre Mahlzeit aus Teichrosenblättern unter meinen Augen einzunehmen.

Sehen dürfen sie mich, aber nicht hören. Absolute Ruhe ist erforderlich, um einen Biber zu Gesicht zu bekommen. Aber wenn ich jedes Geräusch, jede Bewegung vermeide, lassen sie mir erstaunlich viel durchgehen; ich habe ihnen schon aus zehn Metern Entfernung zugeschaut, auf dem Bauch am Boden liegend, im Matsch, halb im Wasser – wo der Biber wohnt, ist es grundsätzlich feucht bis nass –, jedenfalls auf Augenhöhe mit ihnen, habe auch schon erlebt, dass mich ein Biber eine halbe Ewigkeit lang anvisiert hat, aber gestört hat sie meine Anwesenheit nie. Keiner hat je einen Grund zur Aufregung gesehen, alle haben ihr normales Programm unbeeindruckt durchgezogen und ihre Teichrosenblätter verspeist oder sich am ganzen Körper eingefettet, um ihren Pelz vor dem nächsten Tauchgang wasserdicht zu machen. Wie oft dachte ich schon: Schade, das war's, wenn sich ein Tier plötzlich davonmachte und im Wasser verschwand, aber kurze Zeit später kam es zurück und setzte sich auf seinen alten Platz – da hatte es sich bloß eine neue Portion Teichrosenblätter besorgt und keinen Gedanken daran verschwendet, dass ich immer noch da liegen könnte.

Nach einem Abend unter Bibern komme ich noch schmutziger als sonst nach Hause. Aber das ist mir egal. Mein Ziel war es zu beweisen, dass auch Biber die Nähe des Menschen ertragen, wenn dieser Mensch nur Ruhe bewahrt und Seelenruhe ausstrahlt. Und das habe ich erreicht.

24

Ein Zipfel vom Paradies

Viele Jahre meines Lebens war ich unbekannt. Niemand nahm von mir Notiz, und was ich draußen mit den Tieren erlebte, war damals für mich normal. Ich war mir auch keiner sensationellen Fähigkeiten bewusst. Erst mein Publikum fand meine Erlebnisse ungewöhnlich und mein Verhalten erstaunlich. Ich gestehe, dass ich meinerseits darüber staune, wie Menschen in einem Straßencafé sitzen können, wo sie den Abgasen und dem Motorenlärm der vorbeifahrenden Autos ausgesetzt sind. Das könnte ich nun wiederum nicht. Das finde *ich* sensationell.

Irgendwann also kam heraus: Was für mich selbstverständlich war, ist es für andere nicht. Und so, wie die Dinge heute liegen, muss ich mir über meine Selbstverständlichkeiten Gedanken machen, muss berichten, muss erklären, muss Rede und Antwort stehen. Ich tue das gern. Ich finde es sogar großartig, weil es meinem Leben einen zusätzlichen Sinn gibt, und weil es auch im Sinne der Tiere sein dürfte, als ihr Sprecher und Fürsprecher aufzutreten. Aber ich muss schmunzeln, wenn ich daran zurückdenke, wie alles angefangen hat.

Das meiste verdanke ich meiner Faulheit. Hätte ich einen Funken Ehrgeiz gehabt, hätte ich so etwas wie eine Bestimmung verspürt, eine Aufgabe, einen Auftrag, dann wäre ich mit einem dreißig Kilo schweren Rucksack und einem fertigen

Plan aufgebrochen, hätte irgendwo mein Tarnzelt aufgebaut und mit einer professionellen Fotoausrüstung auf Tiere gewartet. Das wäre ja auch eine Möglichkeit gewesen. Aber mir widerstrebte schon der ganze Aufwand, deshalb bin ich einfach losgelaufen, in meiner grünen Hose, meinem karierten Hemd und meiner braunen Jacke und der Absicht, mich unter die Tiere da draußen zu mischen. Einfach darum, weil sie mir lieb waren. Um mehr über sie zu erfahren. Und um Erinnerungsfotos von ihnen zu machen, von denen ich die schönsten daheim an die Wand hängen könnte.

Oft ging es in der ersten Zeit schief. Ich musste erst die Sprache der Tiere erlernen. Irgendwann stellte ich fest: Wenn ich mich langsam von ihnen entferne, darf ich mich ihnen zeigen. Wenn ich mich dann in die Wiese setze, äsen sie weiter. Ein Anfangserfolg, aber ich wollte mich ihnen ja nähern. Also musste ich zum Neutrum werden, zu einem Zwischenwesen, weder Mensch noch Tier. Ich würde in ihre Welt auch nur dann eintauchen können, wenn ich mich aus ihrer Welt heraushalten würde. Und Jahre später, als ich gelernt hatte, kein erkennbares Interesse an ihnen zu zeigen, drehte sich die Geschichte tatsächlich um, und die Tiere fingen an, sich für mich zu interessieren, für diesen Typen, den sie einordnen wollen, einordnen müssen, aber nicht einordnen können.

Denn einen Menschen, der so denkt, wie sie selbst denken würden, kennen sie nicht. Der ist in ihrer Welt anscheinend nicht vorgesehen. Für Tiere bin ich also tatsächlich etwas Besonderes, sogar Unbegreifliches. Meine Mitmenschen aber dürfen sicher sein, dass ich mich bloß in einem einzigen Punkt von ihnen unterscheide: Ich nehme mir Zeit. Ich nehme mir unendlich viel Zeit zum Beobachten, zum Dazulernen und zum Ausprobieren von Verhaltensweisen und Strategien. Natürlich gehört auch eine endlose Geduld dazu, sich im Wald einzunisten, ohne jemals das Gefühl zu haben, irgendetwas in der Welt der Menschen unterdessen zu verpassen. Meine Hauptbeschäftigung besteht jedenfalls aus Schauen, Zuschauen, Hinschauen. Alles, was ich weiß und kann, ist den Tieren abgeguckt, und selbst für meine Art, Tiere durch mein unerklärliches Auftreten zu verwirren, gibt es Vorbilder im Tierreich. Unerwartetes tun, Irritation auslösen, diese Strategie liegt nämlich auch den Überraschungsangriffen kleinerer Vögel auf Greifvögel zugrunde, und dieses Beispiel will ich zu guter Letzt auch noch anführen.

Wir haben ja bereits gesehen, dass kein Greifvogel unfehlbar oder unangreifbar ist. Klar sind sie alle stark und wehrhaft – glaube aber keiner, sie könnten sich alles erlauben und nach Lust und Laune zuschlagen. So kommt es recht häufig vor, dass kleinere Vögel, Singvögel, einen Greifvogel bedrängen. Vor allem im Frühsommer, wenn sie Gelege oder Küken haben, entwickeln sie einen Mut, der bisweilen an Tollkühnheit grenzt, und dann kann man zum Beispiel Wacholderdrosseln dabei zusehen, wie sie Falken oder Krähen angreifen, sie von oben unter großem Gezeter anfliegen, bedrohen und buchstäblich bescheißen.

Diese Singvögel gehen natürlich auf volles Risiko, sie riskieren ihr Leben, aber ihre Strategie führt oft zum Erfolg. Es ist dieselbe Strategie, der auch ich mich im Umgang mit Tieren bediene, die genauso der Wildhüter angesichts von drei aufgebrachten Grizzlys angewendet hat: Sie bringen den Greifvogel aus dem Konzept. Sie tun etwas, das sich nicht ziemt, das den Erwartungen des Attackierten regelrecht hohnspricht und sein Weltbild erschüttert. In seinem Selbstbewusstsein verletzt, reagiert der Greifvogel dann irritiert, wie entwaffnet, und zieht sich – sozusagen kopfschüttelnd – zurück. Gut, diese Singvögel haben andere Beweggründe als ich, aber das Prinzip ist dennoch dasselbe: Unerwartetes tun, um ratlos zu machen. Wobei, am Rande bemerkt, längst nicht alle Singvögel so viel Courage aufbringen. Viele schauen nur eingeschüchtert zu, wenn ein Greifvogel im Anmarsch ist. So gehört es sich, und unter diesen Umständen kann ein Greifvogel verfahren wie gehabt.

So bin ich jedenfalls hineingeraten in die Welt der Tiere. Wenn ich jetzt meine gesammelten Erfahrungen auf den kürzesten Nenner bringen sollte, würde ich sagen: Was uns diese Welt erschließt, ist ein Cocktail aus drei Eigenschaften, nämlich Aufrichtigkeit, Unerschrockenheit und innere Ausgeglichenheit. Wer diese Qualitäten besitzt, der kann sich auch ruhig unter den Blicken eines wilden Tiers am Kopf kratzen, ohne dass es davonläuft, solange er es nur in einer durchgehenden, langsamen Bewegung macht. Aber im Ernst – ist es nicht erstaunlich, dass auch wir ganz ähnlich denken? Dass auch wir einem anderen am ehesten dann über den Weg trauen, wenn wir an ihm genau diese drei Eigenschaften bemerken? Wenn er uns also weder verdruckst und verschlagen vorkommt, noch ängstlich und gehemmt erscheint, noch angespannt und nervös auf uns wirkt? Ticken wir demnach in grundsätzlichen Lebensfragen beinahe genauso wie die Tiere?

Mich würde es nicht wundern. Aber in all den Jahren meines Lebens, die sich weitgehend draußen abgespielt haben, hat sich nicht nur eine immense Erfahrung eingestellt, sondern auch noch etwas anderes, nämlich Vertrauen. Das Vertrauen jener Tiere, in deren Gebieten ich mich häufiger aufhalte, die sich an mich gewöhnt haben, die mich kennen und daher wissen: Der stört uns nicht, der führt nichts im Schilde, der gehört irgendwie dazu. Und dieses Vertrauen bedeutet mir mehr als alles andere. Es ist mein größter Gewinn und die Erfüllung aller Wünsche, die mir als kleiner Bodenmaiser Bub in meinen einsamen Stunden im Wald durch den Kopf gegangen sind. Es ist, als hätte ich tatsächlich einen Zipfel meines erträumten Paradieses ergriffen.